基于Simulink+DSP 代码生成的永磁电机控制

编　著　汪远林　吴　旋
　　　　赵冬冬　华志广

机械工业出版社
CHINA MACHINE PRESS

本书内容以 TMS320F28335 数字控制器为例，介绍了基于代码生成的电机控制程序开发，内容涵盖永磁电机领域诸如磁场定向控制、模型预测控制和无位置传感器控制等各种控制算法。第 1、2 章介绍 DSP 常用模块配置及环境配置；第 3~7 章按照"基本原理—仿真建模—模块配置—代码生成"四个步骤逐级展开，读者可以在充分理解控制算法的基础上，搭建图形化程序直接进行项目开发。

本书可以作为电机学习、研究以及从业人员的参考书。

图书在版编目（CIP）数据

基于Simulink+DSP代码生成的永磁电机控制 / 汪远林等编著. -- 北京 ： 机械工业出版社，2024.8（2025.1重印）.
ISBN 978-7-111-76311-6

Ⅰ. TM351

中国国家版本馆 CIP 数据核字第 2024X18Y54 号

机械工业出版社（北京市百万庄大街22号　邮政编码100037）
策划编辑：李小平　　　　　　责任编辑：李小平
责任校对：梁　静　李小宝　　封面设计：鞠　杨
责任印制：李　昂
北京捷迅佳彩印刷有限公司印刷
2025年1月第1版第2次印刷
184mm×260mm・9印张・217千字
标准书号：ISBN 978-7-111-76311-6
定价：65.00 元

电话服务　　　　　　　　　　网络服务
客服电话：010-88361066　　　机　工　官　网：www.cmpbook.com
　　　　　010-88379833　　　机　工　官　博：weibo.com/cmp1952
　　　　　010-68326294　　　金　书　　网：www.golden-book.com
封底无防伪标均为盗版　　机工教育服务网：www.cmpedu.com

　　电机控制行业发展快速，其控制软件开发已经逐渐从传统的以 C/C++等语言为主要编程语言转换为使用 MATLAB/Simulink 进行代码生成，即建模仿真验证后，将模型直接转化为 C 代码，然后移植到项目工程里。

　　读者只需要具备 MATLAB 编程能力，即可独立编写电机控制程序。一方面通过现场调试和电机问题剖析，让读者对电机的结构和应用有直观认识；另一方面，由于降低了电机控制程序开发的复杂度，读者可以更好地开展创新性研究。通过教、学、做，得到更好的教学成果。本书配套了常用电机各类控制程序，也介绍了电机相关前沿技术，对提高读者研究能力和工程项目开发能力具有重要的支撑作用。

　　本书形成了一套"理论介绍—仿真搭建—代码生成—控制试验"的学习方法，方便读者熟练掌握电机控制技术，并满足我国科技快速发展的需要。

　　本书内容共分为 7 章：

　　第 1 章为 DSP 各模块介绍，主要介绍了以 TMS320F28335 为例的基于 DSP 电机控制的相关使用模块，包括时钟与中断模块、AD/DA 模块、GPIO 设置模块、ePWM 模块、eQEP 模块、eCAP 模块和通信模块，分析了各模块的基本架构和使用准则。

　　第 2 章为 Simulink 代码生成模块配置，首先介绍了在 Simulink 中使用代码生成的开发环境，然后对电机控制方面常用的模块（对应第 1 章）进行系统介绍，并详细描述了如何使用这些模块，以及一些注意事项。

　　第 3 章为无刷直流电机控制技术，介绍了无刷直流电机的结构、工作原理、电枢反应以及霍尔传感器的工作原理，搭建了无刷直流电机的仿真模型，重点介绍了无刷直流电机在 Simulink 中代码生成，包含无刷直流电机主体程序、ADC 数据采样、转速计算、DAC 获取数据和其他模块，并且给出了实验结果。

　　第 4 章为永磁同步电机的磁场定向控制技术，首先介绍了坐标变换理论和脉宽调制技术，然后介绍了永磁同步电机的数学模型，并给出电机的仿真搭建模型，搭建了磁场定向控制的仿真模型，并将之转化为代码生成模式，主要包括：SVPWM 模块，电机的开环/闭环运行，最终给出实验结果。

　　第 5 章为永磁同步电机的直接转矩控制技术，介绍了直接转矩控制的基本原理，在 Simulink 中搭建了直接转矩控制的仿真模型，并在此基础上搭建了直接转矩控制的代码生成模式，其中包括含有 PWM 调制模块和直接分配开关信号两种模式，最终给出实验结果。

　　第 6 章为永磁同步电机的模型预测控制技术，首先介绍了永磁同步电机的预测电流控制和预测转矩控制两种方法，搭建了模型预测电流控制的仿真模型和代码生成模型，与直接转矩控制相似，同样给出了两种信号分配模式：含 PWM 的调制模块和直接分配开关信号，并给出实验结果。

　　第 7 章为永磁同步电机无位置传感器控制技术，分别介绍了永磁同步电机在低速域和高速域的无位置控制方法，并给出一种在高低速之间切换的控制算法，搭建了低速域内无位置传感器控制的仿真模型和代码生成模型，并给出实验结果。

本书由西北工业大学汪远林副教授、吴旋博士、赵冬冬教授和华志广博士共同编写，其中第 1 章和第 2 章由汪远林编写，第 3 章和第 4 章由赵冬冬编写，第 5 章~第 7 章为吴旋编写，全书校验由华志广博士完成。

鉴于编者水平有限，书中难免有疏漏或不当之处，恳请读者批评指正。

编　者

2024 年 4 月于西北工业大学

目录
Contents

第1章 DSP 各模块介绍

TMS320F28335（下文简称 F28335）是 TI 公司推出的 C2000 系列的 32 位元浮点 DSP（数字信号处理）控制器，其具备 150MHz 的高速处理能力，适用于实时处理系统。F28335 采用哈佛结构，可以使数据和指令储存操作同时进行，提高了运行效率，它的指令系统采用流水线结构，实现了程序的准并行运行，很大程度上提高了运行速度。并且 F28335 拥有多种外设，功能丰富，其内部具有 ePWM、ADC、eCAP、eQEP、SCI/CAN 通信等模块，可以满足大部分控制场合的需要。因此 F28335 在电机控制、并网逆变器、电源、航空航天和通信等领域被广泛使用。

1.1 时钟与中断模块

时钟控制信号是 F28335 各个部分运行的"基准"，各外围部件都以时钟信号为基准有条不紊、一拍一拍地工作。因此时钟频率直接影响了控制器的运行速度，时钟质量也直接影响到控制器的稳定性。F28335 时钟与锁相环电路原理如图 1-1 所示，通过外部振荡器或者外接晶振、外部引脚 XCLKIN 产生时钟源，之后通过锁相环电路将时钟倍频至 150MHz，即 F28335 工作的主频时钟。

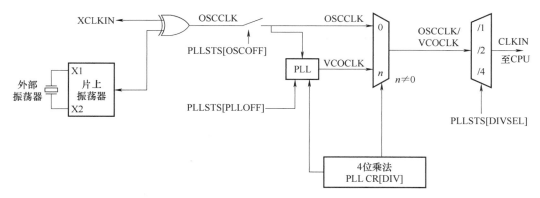

图 1-1　时钟与锁相环电路原理图

F28335 工作在 150MHz 时钟频率下，但其外设的工作时钟却各不相同，所以锁相环电路不仅为 F28335 内核提供时钟，还需要为各种外设提供时钟信号。锁相环电路可以根据需要的时钟频率将时钟源配置成所需要的时钟信号。F28335 系统与外设时钟的连接图如图 1-2 所示，锁相环电路生成低速时钟信号供给低速外设模块如 SPI、MCBSP 这些串口通信协议，生成高速时钟信号供给高速外设模块如 A/D 模块、DMA 模块、ePWM 模块、eCAP 模块和 eQEP 模块。

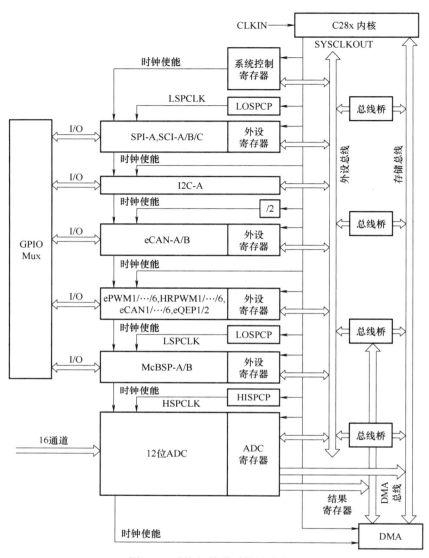

图 1-2　系统与外设时钟的连接图

F28335 有丰富的外设资源，在芯片执行主程序时，可能会有外设向 CPU 发出请求执行突发程序，这时 CPU 需要中断当前程序，转而去执行突发程序，即开始执行中断服务子程序。待中断子程序执行结束后，CPU 会继续回来执行刚才没有执行完的程序。同时，中断可以分为可屏蔽中断和不可屏蔽中断，其中可屏蔽中断可以根据中断优先级来决定是否要立即处理；而不可屏蔽中断，只要有中断请求就要进行中断处理。当多个中断同时触发时，CPU 会根据中断优先级来决定先处理哪个中断。

1.2　GPIO 接口

F28335 共有 88 个 GPIO 口，这 88 个 GPIO 口被分为三组，分别是 A 组 GPIO0~GPIO31、B 组 GPIO32~GPIO63 和 C 组 GPIO64~GPIO87。每个 GPIO 口都有多个功能，但是同一时刻，每

个 GPIO 口都只能使用一个功能，可以通过配置寄存器来设置 GPIO 口工作在何种模式下。

GPIO 原理框图如图 1-3 所示。GPIO 共有 88 个引脚，这些 GPIO 引脚可以通过 GPxPUD 来设置是否上拉。两个三角形控制 GPIO 作为输入还是输出引脚，上面的三角形为输入通道，输入后经过滤波电路。引脚的功能由多路选择器控制，00 为通用 I/O 口，01、10、11 分别为外设 1、2、3 引脚。输入的值会进入到 GPxDAT 寄存器。下面的三角形为输出通道，输出的为 GPxDAT 寄存器的值。

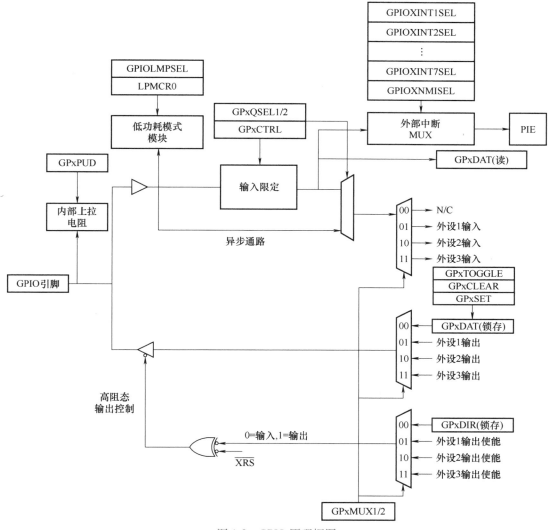

图 1-3　GPIO 原理框图

1.3　AD/DA 采集与转换

F28335 是一款数字处理器，只能对数字信号进行运算处理，无法对模拟信号进行处理。但是电压、电流、速度等信号都是模拟信号，F28335 想要对这些模拟信号进行处理的话只能通过模数转换器（Analog-to-Digital Converter，ADC）将模拟信号转化为数字信号。

　　F28335 片上有 1 个 12 位的 16 通道 ADC，该 ADC 是由 2 个 8 选 1 多路切换器和 2 路采样保持器构成的。具体结构如图 1-4 所示。两个 8 信道模块可以自动对一系列转化进行排序，不仅将转换结果顺序存入 16 个结果寄存器中，而且每个单元可以通过模拟多任务器选择 8 个通道中的任意一个。

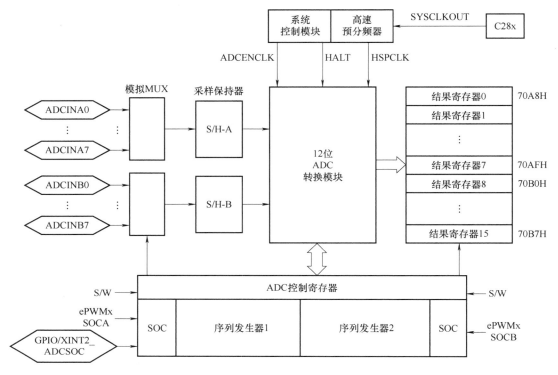

图 1-4　模块结构框图

　　ADC 模块有两种工作模式，分别是顺序采样模式和同步采样模式。每个 A/D 转换由当前的数据转换寄存器（CONV）定义要采样和转换的外部输入引脚。顺序采样模式下，CONV 的全部 4 位元都用来决定当前的采样通道，最高位决定了输入输出通道的采样保持器，其余 3 位用来确定偏移量。在同步采样模式下，CONV 寄存器的最高位不起作用，每个采样和保持缓冲器对 CONV 寄存器低 3 位确定的引脚进行采样。采样保持两路可以同步进行，因为有 2 个采样保持器，但是转换不能同时进行。转换器首先转换采样保持器 A 中的量，然后转换采样保持器 B 中的量。当采样保持器 A 转化结束后才会对采样保持器 B 进行转换。并且 ADC 模块的排序器可以设置为 1 个 16 状态排序器或者 2 个独立的 8 状态排序器。但是 2 个独立的 8 状态排序器并不是同时工作的，只有当一个排序器处理结束之后，才会处理另外一个。

　　使用 ADC 模块时，需要注意的是 ADC 的输入电压范围为 0~3V，如果输入电压超过 3V 就会烧坏 ADC 模块（输入电压超过 3V 时，转换结果等于 4095）。采集超出 3V 的信号可以在前级经过信号调理电路进行处理之后再输入，转换之后的数字量为

$$数字值 = 4095 \times \frac{输入模拟值 - ADC 的参考电压}{3}，\quad 输入模拟值在（0,3）之间$$

1.4 ePWM 调制及子模块

ePWM 模块是 F28335 中较为重要的模块，正是因为 ePWM 模块 F28335 才可以在电机控制、电源控制方面有着杰出的能力。用户可以通过配置 ePWM 模块中的各种寄存器来产生任意频率、占空比、死区时间的 PWM 信号。

F28335 中每个 ePWM 模块都有独立的内部结构。PWM 组成单元如图 1-5 所示，每一组 ePWM 都包括以下 7 个子模块：时间基准子模块 TB、比较功能子模块 CC、动作限定子模块 AQ、死区产生子模块 DB、斩波控制子模块 PC、事件触发子模块 ET 和故障捕获子模块 TZ。其中时钟信号经过时间基准（TB）子模块产生时基信号，可以设定 PWM 信号的周期；通过比较功能（CC）子模块对 PWM 信号的波形脉宽进行配置；通过动作限定模块（AQ）子模块限制 PWM 输出状态；经过死区产生（DB）子模块可以将 PWM 波进行边沿延迟配置；若需要高频门极控制可以选择进入斩波控制（PC）子模块进行配置；若 PWM 输出后功率器件有错误响应，可以通过配置故障捕获（TZ）子模块对 PWM 信号进行复位操作。每个 ePWM 模块由两路 ePWM 输出组成，分别为 ePWMxA 和 ePWMxB。这两路 PWM 输出可以配置成为两路独立的单边沿 PWM 输出，或者两路独立但互相对称的双边沿信号。

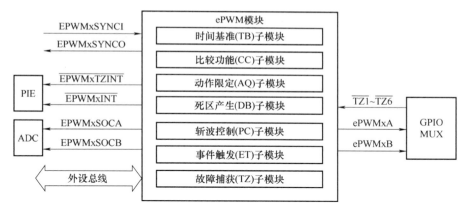

图 1-5　PWM 组成单元

1.5 eQEP 编码

F28335 在电机控制领域有非常广泛的应用，这主要取决于其内部具有 ePWM 和 eQEP 模块，通过 ePWM 模块产生 PWM 信号来控制电机，通过 eQEP 模块不仅可以获得电机的速度信息，还可以获得转子位置信息和方向信息。在电机速度信息和转子位置信息上采用相应的控制策略和算法，可以更好地对电机进行更高要求的控制。

F28335 有两路 eQEP 模块，每个 eQEP 模块主要由正交解码单元（QDU）、位置计数器及控制单元（PCCU）、边沿捕获单元（QCAP）、定时器基准单元（UTIME）和看门狗电路（QWDOG）组成。每个 eQEP 模块有 4 个输入信号，分别是 2 个正交编码脉冲（EQEPxA/

XCLK 和 EQEPxB/XDIR）、1 个位置索引脉冲（EQEPxI）、1 个选择输入信号（EQEPxS）。eQEP 整体结构图如图 1-6 所示。

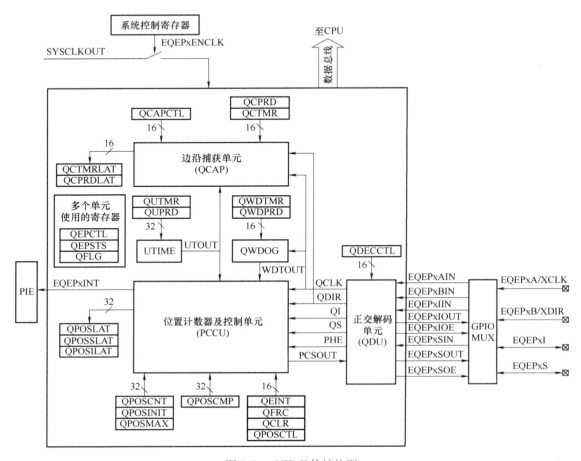

图 1-6　eQEP 整体结构图

　　正交解码单元可以设置位置计数器的输入模式、输入极性和位置比较同步输出。其中位置计数器的输入模式有正交计数模式、方向计数模式、增计数模式和减计数模式 4 种模式。在正交计数模式下，正交译码器为位置计数器提供方向信号和时钟信号。在方向计数模式下，EQEPxA 输入将为位置计数器提供时钟，EQEPxB 输入将提供方向信息。当方向输入为高电平时，位置计数器在 EQEPxA 的上升沿增计数；当方向输入为低电平时，位置计数器在 EQEPxA 的上升沿减计数。在增计数模式下，计数器方向为增计数，此时位置计数器可用来测量 EQEPxA 输入信号的频率。在减计数模式下，计数器方向为减计数，此时位置计数器可用来测量 EQEPxA 输入信号的频率。位置计数器及控制单元用来配置位置计数器操作模式、位置计数器初始化/锁存模式和产生同步信号的位置比较逻辑。边沿捕获单元主要功能是用于测量单位位置事件之间的时间信息，用以完成低速时的速度测量。定时器基准单元，该单元中包含 1 个 32 位的定时器，由 SYSCLOUKOUT 提供时钟信号，用来为速度计算产生中断。看门狗电路中包含 1 个 16 位的定时器，用来监控正交编码脉冲的状态。

1.6 eCAP 捕获功能

在数字控制系统中，脉冲信号是一种常见的输入量，F28335 中设置了 eCAP 模块来处理脉冲量，通过捕获脉冲量的上升沿与下降沿来计算脉冲的宽度和占空比。捕获单元记录下定时器时间，2 个下降沿的时间差就是脉冲周期。同理，也可以捕获上升沿，计算上升沿与下降沿之间的时间差就可以获得占空比，所以捕获单元可以用于电机转速测量、位置传感器脉冲时间测量、脉冲周期和占空比测量的场合。

F28335 共有 6 组 eCAP 模块，每个 eCAP 模块都可以工作在捕获外部脉冲模式和脉冲发生器模式（APWM）两种工作模式下：当工作在捕获模式时，可以捕获外部输入信号获得其各种信息；当工作在 APWM 模式下，可以用该模块输出 PWM 信号，与 ePWM 模块相同，也是通过设置周期寄存器和比较寄存器来获得不同的 PWM 信号。eCAP 模块有 4 组 32 位的时间标志寄存器，4 级捕获事件序列，可以灵活配置捕获事件边沿极性。同时 4 级触发事件都可以产生中断，并且一次捕获可以最多得到 4 个捕获时间。eCAP 工作模式如图 1-7 所示。

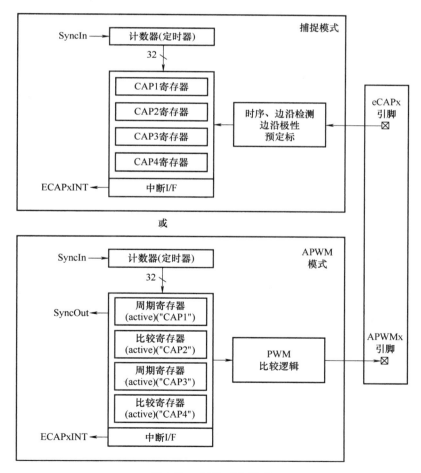

图 1-7　eCAP 工作模式

1.7 通信接口

在 DSP 控制器间、DSP 控制器与其他设备常常需要通信。通信包含两大类：串行通信和并行通信。其中，串行通信是将信息逐位按顺序在线传输，并行通信是将信息同时通过多条数据线在线传输。因此串行通信硬件开销小、传输成本低、传输速度慢，适合远距离传输；而并行通信传输速度快、传输线路多、硬件开销大，不适合远距离传输。串行通信分为两大类：同步通信和异步通信。其中同步通信常常使用同一时钟，而异步通信使用各自的时钟。串行通信的方式有三种：单工、全双工和半双工，其中单工只有一根数据线，要么发送、要么接收，且发送和接受是固定的；全双工有两根数据线，发送和接收可以同时进行；半双工有一根数据线，既可以发送也可以接收，但是发送和接收不同时进行。

F28335 共有 3 个串行通信接口（Serial Communication Interface，SCI）接口，SCI 模块属于异步串口通信，可配置为全双工，也可配置为半双工。为了减小串口通信时 CPU 的使用，F28335 串口支持 16 级深度的 FIFO，同时 SCI 接收器和发送器具有独立的中断位和使能位，可以独立工作在半双工模式或者全双工模式下。为了保证数据的完整性，SCI 模块对接收到的数据进行间断、极性、超限和帧格式的检测。SCI 模块可以设置不同的波特率，以配置不同的 SCI 通信速率。SCI 与 CPU 界面图如图 1-8 所示。

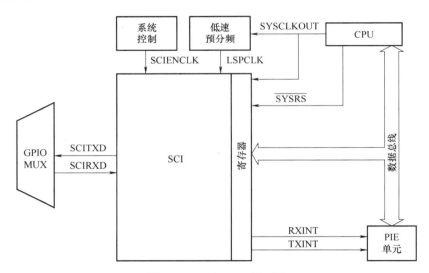

图 1-8　SCI 与 CPU 界面图

CAN，全称为"Controller Area Network"，即控制器局域网，是一种多主方式的串行通信总线，是国际上应用最广泛的现场总线之一。CAN 总线是一种分布式的控制总线，它的网络由很多 CAN 节点构成，每个节点均由一个 MCU、一个 CAN 控制器和一个 CAN 收发器构成，然后使用双绞线连接到 CAN 网络中。CAN 结构图如图 1-9 所示。

F28335 的 CAN 模块是由 CAN 协议内核和消息控制器组成，其中消息控制器中包括内存管理单元、能存储 32 条消息的邮箱 RAM、控制和状态寄存器。消息的收发是基于 CAN 模块接收和发送邮箱的特性来决定的，接收到消息后，消息的标识符将与使用屏蔽的接收邮箱的标识符进行匹配，当两者匹配时，接收到的消息将被写入对应的邮箱；同时，邮箱相应的接收消息等待位元被置位。当两者不匹配时，消息不储存。

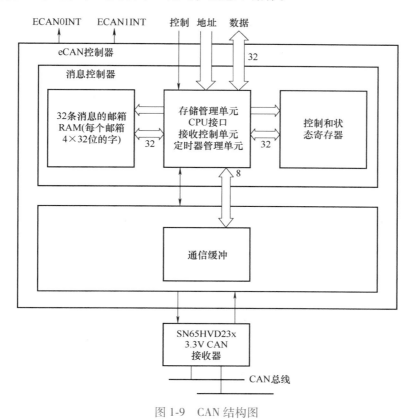

图 1-9　CAN 结构图

第 2 章　Simulink 代码生成模块配置

本章首先介绍 MATLAB/Simulink 代码生成需要的开发环境，随后对代码生成中所需要用到的各种模块加以详细描述，以便后续实验开展，包括时钟配置、中断配置、GPIO 配置、AD/DA 配置、ePWM 模块配置、eQEP 模块配置、eCAP 模块配置和通信接口配置。

2.1　代码生成开发环境

本节主要介绍利用 Simulink 代码生成的开发环境配置，包括软件下载和硬件支持包。需要的下载文件有

1）MATLAB2018b。

2）Code Composer Studio10. 1. 0。

3）ControlSUITE3. 4. 9。

4）C2000Ware_1_00_05。

5）硬件支持包 Embedded Coder Support Package for Texas Instruments C2000 Processors。

其中，软件版本可根据实际情况自由调整，不做约束。硬件支持包 Embedded Coder Support Package for Texas Instruments C2000 Processors 可以在 MATLAB 官网下载，也可以在 MATLAB 官网首页—附加功能—获取硬件支持包中选择。此外 MATLAB 和 CCS 还需要相互关联才可以一键代码生成，具体方法步骤见附录 A。

MATLAB/Simulink 中还需要进行相关设置，因为本书中的所用的实验芯片是 TMS320F28335，所以所有设置都是基于该芯片完成的。读者可根据不同系列芯片自行调整，但整体配置逻辑相同，具体内容见附录 B。

2.2　时钟配置

基于 TMS320F28335 的系统主频是 150MHz，在配置时钟时，可以选择系统自动设置各模块时钟频率，也可以自行定义。具体配置如图 2-1 所示。在 Simulink → Configuration-Hardware Implementation→Hardware board 中选择 TI Delfino F2833x，Hardware board settings→Target hardware resources→Group→Clocking 中进行时钟配置。

1）Desired CPU Clock in MHz：F28335 的系统主频为 150MHz。

2）Oscillator clock（OSCCLK）frequency in MHz：振荡器提供 30MHz 时钟信号。

3）Auto set PLL based on OSCCLK and CPU clock：系统默认勾选此框。勾选此框，下面的都默认设置，即设置 CPU 时钟为 150MHz、高速时钟 75MHz、低速时钟 37. 5MHz；不勾选此框则用户可以自己进行配置。

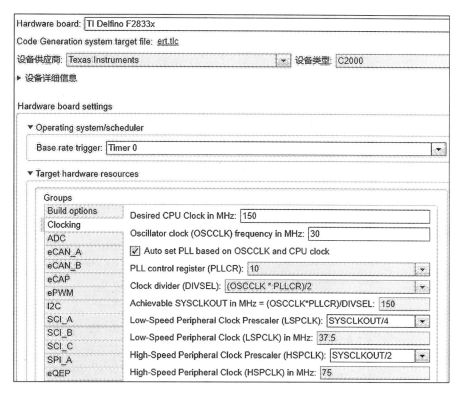

图 2-1　系统时钟配置

2.3　中断配置

基于定时器中断的执行调度模型不能满足某些实时应用程序对外部事件响应的要求。C28x 硬件中断块通过允许异步处理由 C280x/C2833x DSP 芯片支持库中其他块管理的事件触发的中断来解决这个问题。

当 C28x 硬件中断块有一个外部中断选择时，该选择启用所选 GPIO 引脚上的中断。如需配置这些引脚，请参见 Model Configuration Parameters→Hardware Implementation→Hardware board settings→Target hardware resources→External Interrupt pane，如图 2-2 所示。

一个中断由 CPU 中断号、PIE 中断号、任务优先级和抢占标志来描述。CPU 和 PIE 中断号一起唯一地指定了单个外设或外设模块的单个中断。

该模块的输出是一个函数调用。函数调用行的大小等于该模块设置要处理的中断数量。每个中断由模块对话框中显示的 4 个参数表示，这些参数是由 4 个长度相等的向量组成的集合。每个中断由每个参数（共 4 个元素）中的一个元素表示，这个元素位于每个向量中的相同位置。

配置中按竖的 4 列，代表 4 个中断。例如 [1,1,30,1]，可从中断向量表查询，[1,1] 是 ADDINT1 中断；30 代表中断优先级，可自定义，数值越低优先级越高；第 4 列是任务执

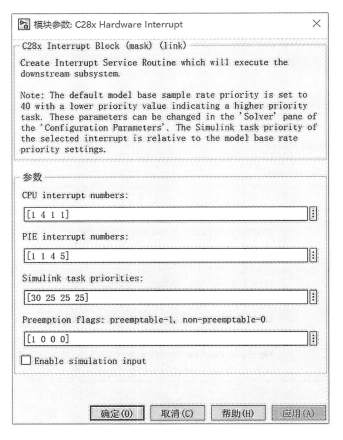

图 2-2　中断配置

行是否可被打断，1 代表可打断，0 代表不可被打断。

1）CPU interrupt numbers：为希望异步处理的中断输入一个 CPU 中断编号向量。

2）PIE interrupt numbers：为希望异步处理的中断输入一个 PIE 中断号向量。

3）Simulink task priorities：为希望异步处理的中断输入任务优先级向量。任务优先级表示与异步中断相关任务的重要性程度。如果一个中断触发了一个高优先级任务，而一个低优先级任务正在运行，那么在高优先级任务正在执行时，低优先级任务的执行将被暂停。最小的值代表最高的优先级。基本速率任务的默认优先级值为 40，因此每个异步触发任务的优先级值必须小于 40，这些任务才能抢占基本速率任务。

4）Preemption flags：preemptable-1，non-preemptable-0：为希望异步处理的中断输入抢占标志向量。抢占标志决定了一个给定的中断是否可以被抢占。抢占会覆盖优先级，这样一个高优先级的可抢占任务可以被一个低优先级的不可抢占任务抢占。

5）Enable simulation input：如果希望能够在 Simulink 软件模型的上下文中测试异步中断处理，则勾选此框。

表 2-1 列出了支持 12×8 中断的 c28x 处理器 F2833x 的 PIE 和 CPU 中断号。列标题 1~12 表示 CPU 值，行标题 1~8 表示 PIE 值。可以根据中断向量表里来配置对应的编号。

表 2-1　c28x 处理器 F2833x 的 PIE 和 CPU 中断号

CPU	PIE 1	2	3	4	5	6	7	8
1	SEQ1INT(ADC)/ADCINT1	SEQ2INT(ADC)/ADCINT2	Reserved	XINT1	XINT2	ADCINT/ADCINT9	TINT0(TIMER 0)	WAKEINT(LPM/WD)
2	EPWM1_TZINT	EPWM2_TZINT	EPWM3_TZINT	EPWM4_TZINT	EPWM5_TZINT	EPWM6_TZINT	EPWM7_TZINT	EPWM8_TZINT
3	EPWM1_INT	EPWM2_INT	EPWM3_INT	EPWM4_INT	EPWM5_INT	EPWM6_INT	EPWM7_INT	EPWM8_INT
4	ECAP1_INT	ECAP2_INT	ECAP3_INT	ECAP4_INT	ECAP5_INT	ECAP6_INT	EPWM10_TZINT/HR CAP1_INT	EPWM9_TZINT/HR CAP2_INT
5	EQEP1_INT	EQEP2_INT	EQEP3_INT	HRCAP3_INT	HRCAP4_INT	Reserved	EPWM10_INT	EPWM9_INT
6	SPIRXINTA(SPI-A)	SPITXINTA(SPI-A)	SPIRXINTB(SPIB_RX)/MRINTB(McBSP-B)	SPITXINTB(SPIB_TX)/MXINTB(McBSP-B)	SPIRXINTC(SPI-C)/MRINTA(McBSP-A-RX)	SPITXINTC(SPI-C)/MXINTA(McBSP-A_TX)	SPIRXINTD(SPI-D)/EPWM12_TZINT	SPITXINTD(SPI-D)/EPWM11_TZINT
7	DINTCH1(DMA1)	DINTCH2(DMA2)	DINTCH3(DMA3)	DINTCH4(DMA4)	DINTCH5(DMA5)	DINTCH6(DMA6)	EPWM12_INT	EPWM11_INT
8	I2CINT1A	I2CINT2A	Reserved	Reserved	SCIRXINTC(SCI-C)	SCITXINTC(SCI-C)	Reserved	Reserved
9	SCIRXINTA(SCIA_RX)	SCITXINTA(SCIA_TX)	SCIRXINTB(SCIB_RX)LINA_INT0	SCITXINTB(SCIB_TX)/LINA_INT1	ECAN0INTA(CANA_1)	ECAN1INTA(CANA_2)	ECAN0INTB(CANB_1)	ECAN1INTB(CANB_2)
10	EPWM9_TZINT/ADCINT1	EPWM10_TZINT/ADCINT2	EPWM11_TZINT/ADCINT3	EPWM12_TZINT/ADCINT4	EPWM13_TZINT/ADCINT5	EPWM14_TZINT/ADCINT6	EPWM15_TZINT/ADCINT7	EPWM16_TZINT/ADCINT8
11	CLA1_INT1/EPWM9_INT7/MTOCIPCINT1	CLA1_INT2/EPWM10_INT/MTOCIPCINT2	CLA1_INT3/EPWM11_INT/MTOCIPCINT3	CLA1_INT4/EPWM12_INT/MTOCIPCINT4	CLA1_INT5/EPWM13_INT	CLA1_INT6/EPWM14_INT	CLA1_INT7/EPWM15_INT	CLA1_INT8/EPWM16_INT
12	XINT3	XINT4/C28FLSINGERR	XINT5	XINT6/C28RAMSINGERR	XINT7/C28RAMACCVIOL	Reserved	LVF	LUF

2.4 GPIO 配置

2.4.1 GPIO 输入配置

为指定的引脚配置 GPIO 输入和限定类型设置，如图 2-3 所示。

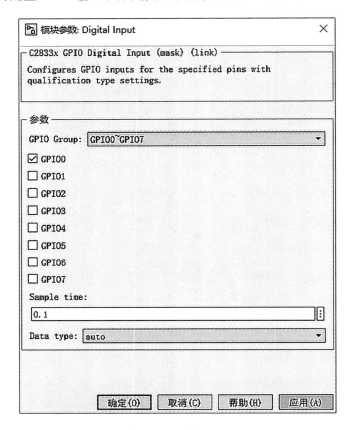

图 2-3 GPIO 输入配置

1）GPIO Group：选择需要查看或配置的 GPIO 引脚组。

2）Sample time：指定输出样本之间的时间间隔。如果要从上游块继承采样时间，该参数设置为-1。

3）Data type：指定输入的数据类型。输入被读取为 16 位整数，然后强制转换为所选的数据类型。有效的数据类型是 auto，double，single，int8，uint8，int16，uint16，int32，uint32 或 boolean。

2.4.2 GPIO 输出配置

在普通模式下，模块输入处的 True 值将把 GPIO 引脚拉高，False 值将使引脚接地。

在 Toggle 模式下，模块输入的 True 值将转换 GPIO 引脚的实际输出电平，False 值对

GPIO 引脚的输出电平没有影响，Simulink 中 GPIO 输出配置模块如图 2-4 所示。

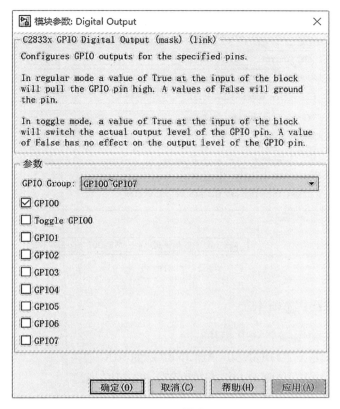

图 2-4　GPIO 输出配置

1）GPIO Group：选择需要查看或配置的 GPIO 引脚组。

2）Toggle GPIO：对于每个选择输出的引脚，可以选择切换该引脚的信号。

在 Toggle 模式下，模块输入处的 True 值切换 GPIO 引脚输出级别。因此，如果 GPIO 引脚在 Toggle 模式下被驱动到高电平，输入端的值为 True，则引脚输出电平被驱动到低电平。如果 GPIO 引脚在 Toggle 模式下被驱动到低电平，并且输入端的值为 True，则同样的引脚输出电平被驱动到高电平。如果 block 的输入为 False，则 GPIO 引脚输出电平不受影响。

2.5　AD/DA 配置

ADC 模块将 ADC 配置为：对连接到所选 ADC 输入引脚的信号进行模数转换。ADC 模块输出代表模拟输入信号的数字值，并将转换后的值存储在 DSP 的结果寄存器中。使用这个模块从外部源（如信号发生器、频率发生器或音频设备）捕获和数字化模拟信号。对于 F28335 所属的 C2833x 系列，可以配置 ADC 使用处理器 DMA 模块直接将数据移动到内存，而不使用 CPU。这将释放 CPU 以执行其他任务，并增加整体系统容量。Simulink 中 ADC 配置模块如图 2-5 所示，下文将进一步对各部分作详细介绍。

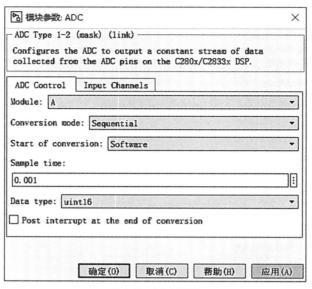

图 2-5　ADC 配置

2.5.1　ADC Control 选项卡

1）Module：指定使用哪个 DSP 模块：

- A——显示模块 A（ADCINA0~ADCINA7）的 ADC 通道。
- B——显示模块 B（ADCINB0~ADCINB7）的 ADC 通道。
- A 和 B——显示模块 A 和 B 中的 ADC 通道（ADCINA0~ADCINA7 和 ADCINB0~ADCINB7）。

2）Conversion mode：用于信号的采样类型：

- Sequential——按顺序采样选定的信道。
- Simultaneous——同时对模块 A 和模块 B 的相应通道进行采样。

3）Start of conversion：触发转换开始的信号类型：

- Software——来自软件的信号，转换值在每个采样时间更新。
- ePWMxA/ePWMxB/ePWMxA_ePWMxB——转换的开始由用户定义的 PWM 事件控制。
- XINT2_ADCSOC——转换的开始由 XINT2_ADCSOC 外部信号引脚控制。

在"开始转换"中可用的选择取决于"模块"设置，表 2-2 总结了可用的选择。对于每一组开始转换选择，默认值首先给出。

表 2-2　转换选择

模块设置	开始转换选择
A	Software，ePWMxA，XINT2_ADCSOC
B	ePWMxB，Software
A 和 B	Software，ePWMxA，ePWMxB，ePWMxA，ePWMxB，XINT2_ADCSOC

4）Sample time：为选定 ADC 通道转换的连续采样组之间的时间（以 s 为单位）。这是从结果寄存器中读取值的速率。要异步执行此块，请将 Sample time 设置为 -1，并在转换框

的末尾检查触发中断。

如果要为不同组 ADC 通道设置不同的采样时间，必须向模型中添加单独的 ADC 块，并为每个块设置所需的采样时间。

5）Data type：输出数据的数据类型。有效的数据类型为 auto、double、single、int8、uint8、int16、uint16、int32 或 uint32。

6）Post interrupt at the end of conversion：勾选此框可在转换集的末尾触发一个异步中断，中断在转换结束时触发。要异步执行此模块，请将 Sample Time 设置为−1。

2.5.2　Input Channels 选项卡（界面见图 2-6）

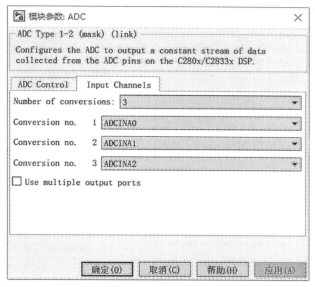

图 2-6　Input Channels 界面

1）Number of conversions：用于模数转换的 ADC 通道数量。

2）Conversion no. 1，2，3：与每个转换号关联的特定 ADC 通道。在过采样模式下，给定 ADC 信道上的信号可以在单个转换序列中被采样多次。若要过采样，请为多个转换指定同一通道，转换后的样本输出为单个向量。

3）Use multiple output ports：如果使用多个 ADC 通道进行转换，可以为每个输出使用单独的端口，并在块上显示输出端口。如果使用多个通道且不使用多个输出端口，则数据将在单个向量中输出。

2.6　ePWM 模块配置

PWM（脉宽调制）是对脉冲宽度进行调制的技术，即通过对一系列的脉冲宽度进行调制，来等效地获得所需要的波形。

F28335 的每个 ePWM 模块相互独立，并由 ePWMxA 和 ePWMxB 组成。可以配置为两路独立的单边沿 PWM 输出，或者两路独立的但相互对称的双边沿 PWM 输出以及一对双边沿非对称的 PWM 输出。共有 6 对这样的 ePWM 模块，因为每对 PWM 模块中的两个 PWM 输出均可以单独使用，所以也可以认为有 12 路单路 ePWM。

除此之外还有 6 个 APWM，这 6 个 APWM 通过 CAP 模块扩展配置，可以独立使用，所以 F28335 最多可以有 18 路 PWM 输出。每一组模块都包含 7 个模块：TB 时基模块、CC 计数比较模块、AQ 动作模块、DB 死区产生模块、PWM 斩波模块 PC、TZ 错误联防模块、事件触发模块 ET。

2.6.1 General 选项卡

ePWM 的配置模块如图 2-7 所示。

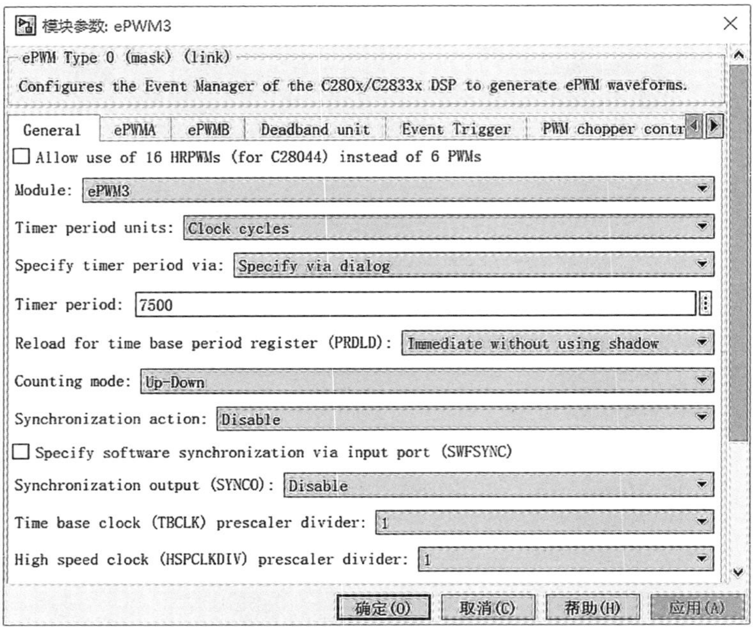

图 2-7　ePWM

1）Module：选择所使用的 ePWM 模块。F28335 可选 16 路 ePWM 模块。

2）Timer period units：以时钟周期"Clock cycles"或以秒"Seconds"为单位确定定时器周期值（为减小误差，获得最佳结果，建议选择时钟周期）。

3）Specify timer period via：填写定时器周期的方式。可以选择通过对话框填写"Specify via dialog"或者输入端口"Input port"确定。如果定时器周期不变，可以选择通过对话框填写 specify via dialog，如果选择输入端口 Input port，需要填写定时器初始周期值 Timer initial period，只有当将"Specify timer period via"设置为输入端口"Input port"选项时，此参数才会出现。

4）Timer period：确定定时器周期值。当 Timer period units（3）选择时钟周期时，此处单位为时钟周期步长（对于 150MHz 的 F28335，1 = s）；当 Timer period units（3）选择 s 时，此处单位为 s。

5）Reload for time base period register（PRDLD）：选择何时更新定时器周期值，默认计数值等于 0 时更新，也可选择同步事件或是立即更新。

6）Counting mode：定时器的计数方式。有增计数、减计数和增减计数三种计数方式（见图 2-8）。

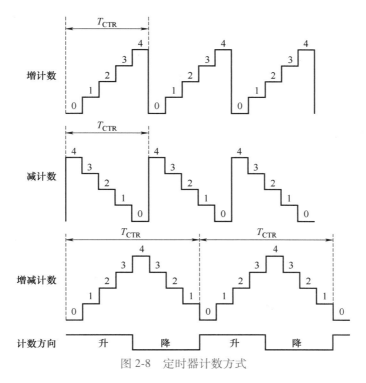

图 2-8　定时器计数方式

- 当选择增减计数时：EPWMCLK = 150MHz，所以 $TBCLK = \dfrac{1}{150M}s$

- 如果想得到 10kHz 计时周期（载波频率），Timer period 数值为 7500。计算方法：定时器周期 $= \dfrac{1}{150M}s \times 7500 \times 2 = 100\mu s$

- 当选择增计数或者减计数时：Timer period 数值为 7500，则定时器周期为 20kHz。计算方法：定时器周期 $= \dfrac{1}{150M}s \times 7500 = 50\mu s$，即 20kHz

7）Synchronization action：确定相对于时基同步信号 EPWMxSYNCI 的相位偏置。

8）Specify software synchronization via input port（SWFSYNC）：为基于时间的同步输入信号 EPWMxSYNCI 创建一个输入端口 SYNC，可以实现跨多个 ePWM 模块的精确同步。

9）Synchronization output（SYNCO）：确定时基计数器何时同步。

10）Time base clock（TBCLK）prescaler divider：时基时钟分频。

ePWM 模块的时间基础时钟（TBCLK）分频器（CLKDIV）和高速时间基础时钟（HSPCLK-DIV）分频器（HSPCLKDIV）配置时间基础时钟速度（TBCLK），使用以下公式计算 TBCLK：

TBCLK(Hz) = PWM 时钟（Hz）/（HSPCLKDIV · CLKDIV）

例如，CLKDIV 和 HSPCLKDIV 的默认值都是 1，PWM 时钟的默认频率是 100MHz，那么：

TBCLK(Hz) = 100MHz/（1×1）= 100MHz

TBCLK(s) = 1/TBCLK(Hz) = 1/（100M) Hz = 0. 01μs

时间基数时钟（TBCLK）分频器的选择有：1、2、4、8、16、32、64 和 128。

时间块时钟（TBCLK）预估分频器参数对应于时基控制寄存器（TBCTL）的 CLKDIV 字段。

11）High speed clock（HSPCLKDIV）prescaler divider：高速时基时钟分频。

有关该值在设置时基时钟（TBCLK）速度中的作用的说明，请参阅时基时钟（TBCLK）预调度器分配器。选项是除以 1、2、4、6、8、10、12 和 14。选择"Enable high resolution PWM（HRPWM-period）"将此选项设置为 1。该参数对应于基于时间的控制寄存器（TBCTL）的 HSPCLKDIV 字段。

2.6.2 ePWMA 选项卡

此处以 ePWMA 界面增减计数为例介绍，如图 2-9 所示，ePWMB 介绍同理。

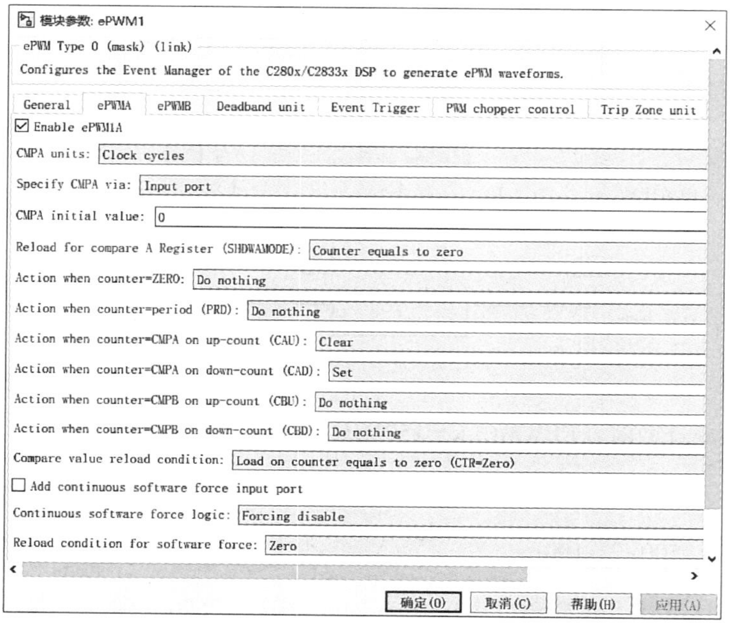

图 2-9 ePWM 配置

1）Enable ePWMA：使能 ePWMA。

2）CMPA units：确定 CMPA 单位，时钟周期"Clock cycles"或是百分比"Percentages"。

3）Specify CMPA via：指定脉宽来源。根据对话框填写"Specify via dialog"或者输入端口"Input port"。

4）如果选择输入端口需填写 CMPA initial value 初始值，当将 CMPx 源的 Specify CMPA via 设置为输入端口"Input port"时，会出现此字段。在此例中，x 代表 A 或 B。输入 PWM 外设开始工作时所使用的 CMPA 或 CMPB 的初始脉宽。随后对 WA 或 WB 端口的输入改变了 CMPA 或 CMPB 脉冲宽度。

5）Reload for compare A Register（SHDWAMODE）：比较寄存器周期何时重载。

6）Action when counter = ZERO，Action when counter = period（PRD），Action when counter = CMPA on up-count（CAU），Action when counter = CMPA on down-count（CAD），Action when counter = CMPB on up-count（CBU），Action when counter = CMPB on down-count（CBD）：这些设置以及 ePWMA 和 ePWMB 页面中的其他剩余设置，确定动作限定符（AQ）子模块的行为。AQ 模块确定哪些事件被转换成各种动作类型，产生 ePWMxA 和

ePWMxB 输出信号所需的转换波形。

对于这四个字段中的每一个，可用的选择是 Do nothing、Clear、Set 和 Toggle。

7）Compare value reload condition，Add continuous software force input port，Continuous software force logic，Reload condition for software force：这四个设置决定了动作限定符（AQ）子模块如何处理 S/W 强制事件，这是一个由软件（CPU）通过控制寄存器位发起的异步事件。

① Compare value reload condition：比较值重载条件决定是否以及何时从影子寄存器重载动作限定符 S/W 强制寄存器。选项有：计数器上的负载等于零（CTR＝零）（默认值）、计数器上的负载等于周期（CTR＝PRD）、任意加载和冻结。

② Add continuous software force input port：添加连续软件执行输入端口，创建一个输入端口 SFA，可用于控制软件执行逻辑。将以下值之一作为无符号整数数据类型发送到 SFA：

- 0＝强制禁用：不执行任何操作（默认）
- 1＝强制低：清除低
- 2＝强制高：设置高

③ Continuous software force logic：如果未创建 SFA 输入端口，则可以使用连续软件执行逻辑。可以指定以下选项之一：

- Forcing disable：Do nothing（default）
- Forcing low：Clear low
- Forcing high：Set high

④ Reload condition for software force：软件执行重载情况（何时重载）。

2. 6. 3　Deadband unit 选项卡

死区 Deadband unit 接口可以为死区生成器（DB）子模块指定参数，如图 2-10 所示。

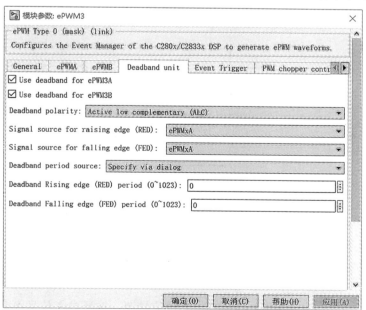

图 2-10　死区 Deadband unit

1）Use deadband for ePWM3A：使能 ePWM3A 死区。

2）Use deadband for ePWM3B：使能 ePWM3B 死区。

3）Deadband polarity：死区极性。

死区类型（见图 2-11）：

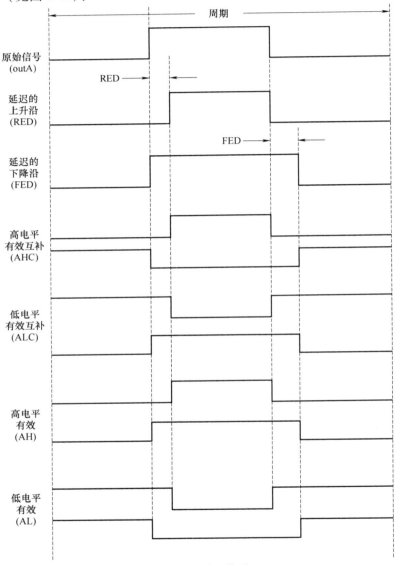

图 2-11　死区类型

- AH：高电平有效
- AL：低电平有效
- AHC：高电平有效互补
- ALC：低电平有效互补
- Signal source for rising edge（RED）：上升信号源，选择参考信号上升沿
- Signal source for falling edge（FED）：下降信号源，选择参考信号下降沿

- Deadband period source：死区时间确定方式，可以选择通过对话框填写"**Specify via dialog**"或者输入端口"**Input port**"确定
  - Deadband Rising edge（RED）period（0~1023）：确定上升沿死区时间
  - Deadband Falling edge（FED）period（0~1023）：确定下降沿死区时间

2.7　eQEP 模块配置

增强正交编码器脉冲（eQEP）块与线性或旋转增量编码器一起使用，从电机获得位置、方向和速度信息。

2.7.1　General 选项卡（见图 2-12）

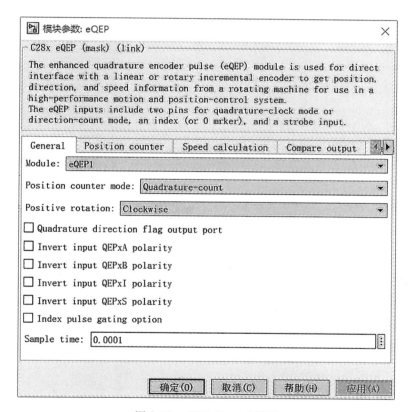

图 2-12　eQEP-General 界面

1）Module（默认 eQEP1）：eQEP 外围模块，用于获取位置、方向和速度信息。有eQEP1、eQEP2 和 eQEP3 三个模块。

2）Position counter mode（默认正交计数 Quadrature-count）：eQEP 外围输入有 EQEPxA、EQEPxB、EQEPxI 和 EQEPxS。在"配置参数"中配置这些输入的 GPIO 引脚>Hardware Implementation>目标硬件资源>eQEP。

输入信号 EQEPxA 和 EQEPxB 经过 eQEP 外设的正交译码单元（QDU）处理，产生时钟（QCLK）和方向（QDIR）信号。选择与 eQEP 模块输入编码方式相匹配的位置计数器

模式：

- Quadrature-count：正交计数-两个相位 90°的方波信号（A 和 B）被发送到 eQEP 外围设备。QDU 使用这两个输入的相位关系来产生正交时钟和方向信号
- Direction-count：方向计数-方向和时钟信号直接发送到 eQEP 外围设备。EQEPxA 引脚提供时钟输入，EQEPxB 引脚提供方向输入
- Up-count：向上计数-位置计数器用于测量 EQEPxA 引脚中信号的频率。位置计数器的方向直接被硬件配置为增计数模式
- Down-count：向下计数-位置计数器用于测量 EQEPxA 引脚中信号的频率。位置计数器的方向直接被硬件配置为减计数模式

3）Positive rotation（默认"顺时针"Clockwise）：设置旋转方向。

- 如果选择"顺时针"Clockwise，则执行正交计数操作，而不交换输入到 QDU 的正交时钟输入
- 如果选择"逆时针"Counterclockwise，则通过交换输入到 QDU 的正交时钟输入来执行反向计数。

只有在"General"选项卡上将"Position counter mode"设置为"Quadrature-count"时，此参数才会出现。

4）Quadrature direction flag output port（默认为 off）：在模块上创建一个输出端口（qdf），该端口提供正交模块的方向标志。

只有在"General"选项卡上将"Position counter mode"设置为"Quadrature-count"时，此参数才会出现。

5）Invert input QEPxA polarity（默认为 off）、Invert input QEPxB polarity（默认为 off）、Invert input QEPxI polarity（默认为 off）、Invert input QEPxS polarity（默认为 off）：反转 eQEP 外围输入的极性。"反向输入 QEPxA 极性"勾选框对应 QEPA，"反向输入 QEPxB 极性"对应 QEPB，以此类推。

6）Index pulse gating option（默认为 off）：启用外围输入索引信号与外围输入提示事件信号的门控。在这种情况下，只有当外围输入信号 eQEPxI 和 eQEPxS 都高时，内部指数信号才会高。

7）Sample time：模块的采样时间（以 s 为单位）。要异步执行此块，将此参数设置为-1。

2.7.2 Position counter 选项卡（见图 2-13）

1）Output position counter（默认为 on）。

2）Maximum position counter value（0 ~ 4294967295）：输入位置计数器的最大值（QPOSMAX）。如果位置计数器达到 QPOSMAX，则在计数器的下一个计数脉冲到来时将位置计数器设置为 0。如果位置计数器在减计数到 0 时，如果下个计数脉冲到来时，将位置计数器复位到 QPOSMAX。

位置计数器有初始值寄存器 QPOSINIT，位置寄存器 QPOSCNT，可以使用下面 3）~5）三种方法来进行初始化。

3）Enable set to init value on index event（默认为 off）：使用索引事件初始化（IEI）。

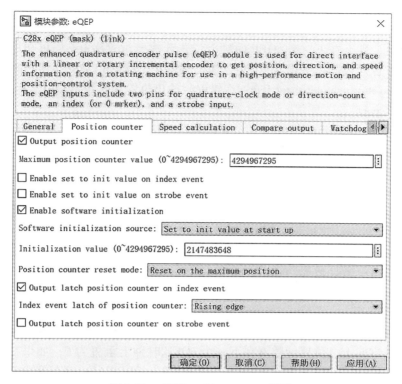

图 2-13　eQEP-position counter 界面

- Set to init value on index event：设置索引事件的初始化值
- Rising edge：使用索引事件的上升沿对位置计数器进行初始化
- Falling edge：使用索引时间的下降沿对位置计数器进行初始化

只有在 Position counter 接口中选择 Enable set to init value on index event，此参数才会出现。

4）Enable set to init value on strobe event（默认为 off）：使用提示事件初始化（SEI）。

- Set to init value on strobe event：设置提示事件的初始化值
- Rising edge：使用提示事件的上升沿对位置计数器进行初始化

- Depending on direction：依赖于方向为位置计数器设置其初始值：正向运行时将在上升沿将初始值寄存器 QPOSINIT 的值装载在位置寄存器 QPOSCNT，反向运行时则在下降沿完成装载过程

只有在 Position counter 接口中选择 Enable set to init value on strobe event，此参数才会出现。

5）Enable software initialization（默认为 off）：使用软件为位置计数器设置其初始值。

- Software initialization source：软件初始值来源

- Set to init value at start up：将位置计数器初始化为程序开始执行时在 Initialization value 中输入的值

- Input port：选择 Input port 选项，根据输入初始化信号（输入端口 swi）动态更新初始化值。如果输入 swi 为 true，位置计数器被初始化为初始化值

6）Position counter reset mode：位置计数器复位状态，取决于 eQEP 模块所使用的系统的

性质。

① Reset on an index event：位置计数器在索引脉冲到来时发生复位——如果索引事件发生在前进方向上，那么在下一个 eQEP 时钟上位置计数器重置为 0；如果在反向过程中发生索引事件，则位置计数器将重置为下一个 eQEP 时钟上 QPOSMAX 寄存器中的值。

● Output position counter error flag：在错误时输出位置计数器错误标志。选择此选项时，将创建输出端口 pcef

② Reset on the maxmium position：位置计数器在计数到最大计数值时复位。在前进方向上，当位置计数器等于 QPOSMAX 时，在下一个 eQEP 时钟上，位置计数器重置为 0，并将位置计数器上溢标志位值位。在反向过程中，当位置计数器等于 0 时，在下一个 QEP 时钟上，位置计数器重置为 QPOSMAX，并将位置计数器下溢标志位置位。

● Output latch position counter on index event：当该选项被启用时，位置计数器当前值 QPOSCNT 在提示事件引脚上发生事件时锁定到 QPOSLAT 寄存器

● Output latch position counter on strobe event：eQEP 提示事件输入可配置为在此引脚上发生确定事件时将位置计数器当前值（QPOSCNT）锁存到 QPOSSLAT 中。这个选项锁定每个提示事件的位置计数器。通常这路信号由传感器或限位开关提供，用来通知控制器电机已经转到了指定位置

③ Reset on the first index event：位置计数器仅在第一个索引脉冲到来时复位。如果索引事件发生在前进方向上，位置计数器在下一个 eQEP 时钟上重置为 0；如果在反向过程中发生索引事件，位置计数器将重置为下一个 eQEP 时钟上 QPOSMAX 寄存器中的值。以上复位操作只发生在第一次索引事件到来时，在第一个索引事件发生后，根据最大位置重置位置计数器——即和②模式相同。

● Output latch position counter on index event：当该选项被启用时，位置计数器当前值 QPOSCNT 在提示事件引脚上发生事件时锁定到 QPOSLAT 寄存器

● Output latch position counter on strobe event：eQEP 提示事件输入可配置为在此引脚上发生确定事件时将位置计数器当前值（QPOSCNT）锁存到 QPOSSLAT 中。这个选项锁定每个提示事件的位置计数器。通常这路信号由传感器或限位开关提供，用来通知控制器电机已经转到了指定位置

④ Reset on an index event：位置计数器在单位时间输出事件时复位（频率测量）——位置计数器当前值 QPOSCNT 值锁定在单位时间事件上的 QPOSLAT 寄存器上。然后，对于正向，QPOSCNT 寄存器被重置为 0；对于反向，QPOSMAX 寄存器被重置为 0。可以将此选项用于频率测量。

2.7.3 Signal data types 选项卡（见图 2-14）

当在其他接口选择信号作为输出时，相应的信号将出现在这个接口中。例如，当在"Position counter"选项卡中选择"Output position counter"选项时，"Position counter value data type"值数据类型选项将出现在 Signal data types 选项卡上，在该选项卡中，可以选择信号的数据类型。

有效的数据类型为 auto、double、single、int8、uint8、int16、uint16、int32、uint32 和 boolean。

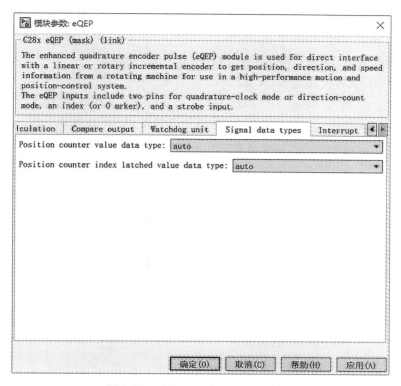

图 2-14　eQEP-Signal data types 界面

2.8　eCAP 模块配置（见图 2-15）

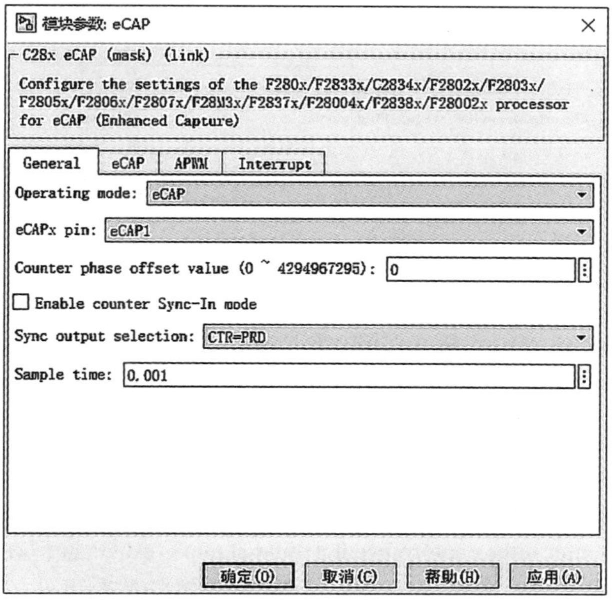

图 2-15　eCAP 模块

2.8.1 General 选项卡

1）Operating mode：功能选择——eCAP（默认）或 APWM。

2）eCAPx pin：选择使用的 eCAP 脚。

3）Counter phase offset value（0~4294967295）：在 APWM 模式下使用。

4）Sync output selection：使一个 eCAP 计数器与其他 eCAP 计数器同步。

- CTR=PRD：当计数器值等于周期时触发同步输出信号
- Pass through：同步输入事件被作为同步输出信号传递
- Disabled：禁用同步输出信号

使用 eCAP 功能时，只需要与硬件板的 eCAP 引脚相匹配即可，其余部分可不做变动，一般情况下，Sync output selection 可设置为 Disabled。

2.8.2 eCAP 选项卡（见图 2-16）

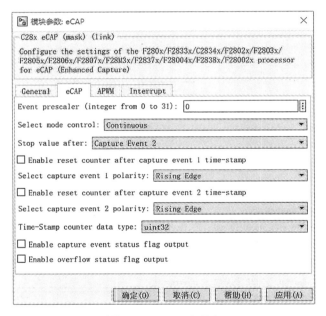

图 2-16　eCAP 选项卡

该选项卡对应 eCAP 模块主要设置，可分为以下 7 个方面：

1）Event prescaler（0~31）：输入信号的预分频是该参数值的两倍。例如，输入 1，则输入预分频为 2；输入 0 可以绕过输入预分频器，使输入的捕获信号保持不变。

2）Select mode control：将其设置为 Continue（连续捕获）模式。

3）Stop value after：捕获该参数事件数后停止。图 2-17 所示为捕获两个事件后停止，即 eCAP 输出应为两个输出信号。

4）Enable reset counter after capture event 1 time-stamp：eCAP 进程在收到一个捕获事件的时间戳后重置该计数器。"1" 代表 Stop value after 中设置的捕获事件的编号。

5）Select capture event 1 polarity：捕获上升沿或下降沿。

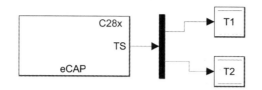

图 2-17　捕获输出（Stop value = 2）

6）Enable capture event status flag output：在输出端口输出捕获事件状态标志，直到事件被捕获前输出为 0。事件发生后，标志值为 1。

7）Enable overflow status flag output：在输出端口输出 FIFO 缓冲区元素的状态。

2.9　通信接口配置

本节介绍 SCI 和 CAN 两种通信方式，SCI 模块属于异步串口通信，可配置为全双工，也可配置为半双工。CAN 总线是一种分布式的控制总线，它的网络由很多 CAN 节点构成。

2.9.1　SCI 配置

1. SCI Transmit（见图 2-18）

SCI 发送模块使用指定的 SCI 硬件模块传输标量或矢量数据。一个模型只能包含一个 SCI 发送模块。C28x 处理器有四个 SCI 模块，即 A、B、C 和 D。可用的 SCI 模块数量因所选处理器而异。

图 2-18　SCI Transmit

1）SCI module：选择用于通信的 SCI 模块。

2）Additional package header：位于发送的数据包的开头数据，不包含在传输的数据中，表示数据的开始。头文件必须用 ASCII 字符表示，可以是一个字符串或一个数字（0~255）。需要注意的是必须在为这个参数输入的字符串周围加上单引号，但引号不会被发送或包括在总字节数中。如果要指定一个空值（没有头文件），只需输入两个单引号。

3）Additional package terminator：位于发送的数据包的结尾的数据，不包含在传输的数据中，表示数据的结束。

4）Wait until previous data transmitted：选择此参数时，传输操作将在阻塞模式下运行。在这种模式下，如果传输 FIFO 已满，则它将等待之前的数据传输，并验证 FIFO 中是否有空间传输当前数据。如果目标硬件在计划开始下一次传输操作时仍在等待发送请求的数据，则会发生任务溢出。清除此参数时，传输操作将在非阻塞模式下运行。在这种模式下，如果模块仍在发送前一时间步长中接收到的数据，则当前时间步长中输入端口处的数据会被丢弃。在任一模式下，如果模块尚未在发送主机和接收主机之间建立连接或者连接丢失，则会丢弃输入端口处的数据。

2. SCI Receive（见图 2-19）

SCI 接收模块支持处理器和其他异步外围设备之间的异步串行数字通信。其使用指定的 SCI 硬件模块接收标量或矢量数据。同样地，一个模型只能包含一个 SCI 接收块。该模块数

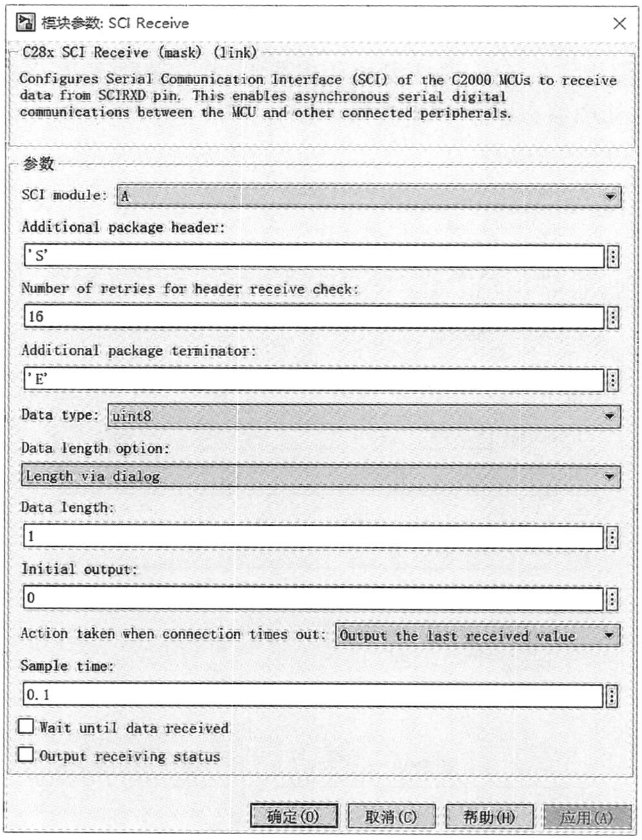

图 2-19　SCI Receive

据接收分为阻塞模式或非阻塞模式：在阻塞模式下，模型在等待请求的数据可用时阻塞执行；在非阻塞模式下，模型连续运行。

1）SCI module：选择用于通信的 SCI 模块。

2）Additional package header：位于发送的数据包的开头数据，不包含在传输的数据中，表示数据的开始。

3）Number of retries for header receive check：此参数确保将预期的标头作为接收数据的一部分进行检查。当在 FIFO 中接收到数据时，模块逐个验证接收到的数据中的标头。如果数据与标头不匹配，将该数据丢弃，并继续在下一个数据中查找标头，直到重新计数。如果标头在重新计数内匹配，则它被认为是分组的开始，并且进一步接收的数据被认为是有效数据。

4）Additional package terminator：位于发送的数据包的结尾的数据，不包含在传输的数据中，表示数据的结束。

5）Data length option：选择模块的数据长度。

• Length via dialog：要接收的数据的长度通过数据长度参数提供

• Length via input port：模块根据输入端口接收的长度接收可变大小的数据。如果输入端口接收到的长度大于最大数据长度参数中提供的长度，则考虑最大数据长度

• Variable length：模块以非阻塞模式接收数据，直到终止符值匹配为止

如果终止符值在最大长度之前不匹配，或者数据在其间不可用，则模块将输出接收到的数据及其长度并且状态将被设置为部分数据可用。如果没有提供终止符值，则模块尝试接收最大数据长度的数据。如果读取的数据长度小于最大长度，或者数据在其间不可用，则模块将输出接收的数据及其长度，并且状态将被设置为部分数据可用。如果未读取数据，则状态设置为"数据不可用"。

注意：启用输入端口长度，需选择数据长度选项作为 Length via input port。

6）Data length：模块接收的数据长度。如果此参数设置为大于 1，则输出将是一个向量。需要确保指定的数据长度与接收数据的 SCI 发送模块的数据长度相同。

注意：启用此参数，需要将"Data length option"选项参数设置为"Length via dialog"。

7）Initial output：SCI 接收模块默认输出。例如，当连接超时时采取的操作参数设置为输出最后一个接收到的值，并且在接收数据之前发生连接超时时，会输出此值。

8）Action taken when connection times out：连接超时时输出动作。如果选择"Output the last received value"，则模块输出最后接收到的值。如果尚未接收到任何值，则模块输出初始输出值。如果想要输出自定义值，可以选择"Output custom value"来设置自定义值。

9）Wait until data received：如果启用此选项，系统将等待，直到数据可供读取（当数据长度达到时）。读取操作在阻塞模式下运行。当模块正在等待请求的数据时，读取操作被阻止。如果数据可用，则输出数据；如果数据不可用，将等待数据。如果目标硬件在下一次读取操作开始时仍在等待数据，则会发生任务溢出。如果此选项被禁用，系统将在每个时间步长（在轮询模式下）检查 FIFO 以读取数据。如果存在数据，则读取并输出内容；如果不存在数据，则输出最后一个值并继续。清除此参数时，读取操作将以非阻塞模式运行。

2.9.2 CAN 配置

1. eCAN Transmit

eCAN 传输模块（见图 2-20）生成通过 eCAN 邮箱传输增强控制器局域网络（eCAN）消息的源代码。处理器上的 eCAN 模块提供串行通信能力，并有 32 个可配置的邮箱用于接收或发送。该模块支持标准或扩展格式的 eCAN 数据帧。

图 2-20　eCAN 传输模块

1）Module：选择使用的 eCAN 模块，F28335 有 eCAN_A 和 eCAN_B。

2）Mailbox number（0~31）：对于标准模式，从 0~15；对于增强 CAN 模式，从 0~31。该数字指的是 RAM 中的邮箱区域，在标准模式下，邮箱号决定优先级。

3）Message identifier：消息标识符对于标准帧大小为 11 位，对于扩展帧大小（十进制、二进制或十六进制）为 29 位。对于二进制和十六进制格式，分别使用 bin2dec（''）和 hex2dec（''）来转换条目。消息标识符被编码并发送到 CAN 总线的消息中。即使使用 CAN pack 块创建 CAN 消息，CAN 消息也使用 C28x CAN 传输块中的消息标识符参数值进行传输。

4）Message type：消息标识符的类型，分别为 11 位和 29 位元的消息标识符。

5）Enable blocking mode：如果选中，CAN 模块将无限期地等待传输（XMT）确认；如果未选中，CAN 块不等待传输（XMT）确认，这在硬件无法确认传输时非常有用。

6）Post interrupt when message is transmitted：当被选中时，这个模块在数据传输时会触发中断。

注意：仅当选择"Post interrupt when message is transmitted"时，此参数才会出现。

输入端口：MSG，输入的数据，数据类型可以为 unit8、unit16、unit32 和 CAN_MESSAGE_TYPE。

2. eCAN Receive（见图 2-21）

eCAN Receive 模块生成通过 eCAN 邮箱接收增强的控制器局域网络（eCAN）消息的源代码。处理器上的 eCAN 模块提供串行通信能力，并有 32 个可配置的邮箱用于接收或发送。该模块支持标准格式或扩展格式的 eCAN 数据帧。

若要将 eCAN 接收块与 canmsglib 库中的 eCAN Pack 块一起使用，请将数据类型设置为 CAN_MESSAGE_TYPE。具体硬件板的 eCAN 模块配置请参见 "Hardware Implementation" → "Target hardware resources"。验证这些设置是否满足应用程序的要求。

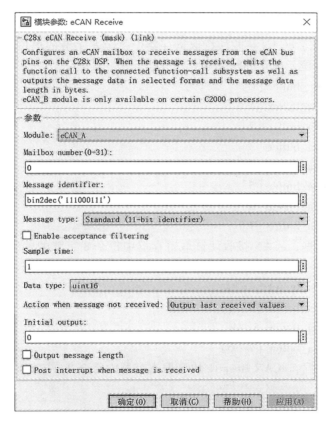

图 2-21　eCAN Receive 模块

1）Module：选择使用的 eCAN 模块，F28335 有 eCAN_A 和 eCAN_B。

2）Mailbox number（0~31）：对于标准模式，从 0~15；对于增强 CAN 模式，从 0~31。该数字指的是 RAM 中的邮箱区域。在标准模式下，邮箱号决定优先级。

3）Message identifier：消息标识符对于标准帧大小为 11 位，对于扩展帧大小（十进制、二进制或十六进制）为 29 位。对于二进制和十六进制格式，分别使用 bin2dec('')和 hex2dec('')来转换条目。消息标识符被编码到发送到 CAN 总线的消息中。即使使用 CAN 包块创建 CAN 消息，CAN 消息也使用 C28x CAN 传输块中的消息标识符参数值进行传输。

4）Message type：消息标识符的类型，分别为 11 位和 29 位元的消息标识符。

5）Sample time：新消息将导致从邮箱发送函数调用。如果希望仅在新消息到达时更新消息输出，则需要异步执行该块。要异步执行块，将该参数设置为-1，并选择接收消息时发送中断选项。配置 CAN 模块定时参数的详细信息请参见配置 CAN 块定时参数。

6）Data type：数据类型。

可用的选项有：uint8：向量长度 = 8 个元素；uint16：向量长度 = 4 个元素；uint32：向量长度 = 2 个元素

以结构形式输出数据，使用 CAN Unpack 块从结构中提取数据，接收到的消息的向量的长度最多为 8 字节。如果消息小于 8 个位元组，则数据缓冲区字节将在输出中右对齐。使用 8 字节的数据缓冲区将数据按如下方式解压缩：

① 对于 uint8 数据，eCAN 接收块读取寄存器中每个 8 字节的单位，并将 8 位数据输出到 8 个元素（使用 16 位元内存的较部分）。

- 输出［0］= data_buffer［0］
- 输出［1］= data_buffer［1］
- 输出［2］= data_buffer［2］
- 输出［3］= data_buffer［3］
- 输出［4］= data_buffer［4］
- 输出［5］= data_buffer［5］
- 输出［6］= data_buffer［6］
- 输出［7］= data_buffer［7］

② 对于 uint16 数据，eCAN 接收块读取寄存器中每个 8 字节的单位，并输出 16 位数据到四个元素。

- 输出［0］= data_buffer［1…0］
- 输出［1］= data_buffer（3…2）
- 输出［2］= data_buffer［5…4］
- 输出［3］= data_buffer（7…6）

③ 对于 uint32 数据，eCAN Receive 块读取寄存器中每个 8 字节的单位，并将 32 位数据输出到两个元素。

- 输出［0］= data_buffer（3…0）
- 输出［1］= data_buffer（7…4）

例如，如果接收到的消息有两个位字节：

- data_buffer［0］= 0x21
- data_buffer［1］= 0x43

uint16 输出为：

- ［0］= 0 x4321 输出
- ［1］= 0 x0000 输出
- ［2］= 0 x0000 输出
- ［3］= 0 x0000 输出

7）Initial output：接收数据之前的输出值，默认为 0。

8）Output message length：发送到 len 端口的消息长度（以位元组为单位）。如果未选中，则不可见 len 端口。

9）Post interrupt when message is received：当被选中时，这个模块在数据接收时会触发中断。

10）Interrupt Line：异步中断使用的中断线。该参数的值设置全局中断屏蔽寄存器（canim）中的第 2 位（GIL）：

- 1 将全局中断映射到 ECAN1INT 行
- 0 将全局中断映射到 ECAN0INT 行

注意：配置 CAN 模块定时参数的详细信息请参见配置 CAN 块定时参数。仅当选择 "Post interrupt when message is received" 时，此参数才会出现。

第 3 章　无刷直流电机控制技术

无刷直流电机（Brushless DC Motor，BLDCM）被认为是 21 世纪最有发展前途和广泛应用前景的电子控制电机，在航天航空系统、国防军事装备、科学仪器、工业自动化装备、交通运输、医疗器械、计算机信息外围设备、办公自动化设备和家电民用消费产品中有越来越广泛应用。

无刷直流电机是随着半导体电子技术发展而出现的新型机电一体化电机，它是现代电子技术（包括电力电子、微电子技术）、控制理论和电机技术相结合的产物。众所周知，直流电动机具有优越的调速性能，主要表现在控制性能好、调速范围宽、起动转矩大、低速性能好、运行平稳、效率高，应用场合从工业到民用极其广泛。在有刷直流电机中，电能通过电刷和换向器进入电枢绕组，与定子磁场相互作用产生转矩。由于存在电接触部件——电刷和换向器，结果产生了一系列致命的缺陷：在许多应用场合下，它是系统不可靠的重要来源。

无刷直流电机具有一系列优点，以电子换向取代了机械换向，大大提高了可靠性，维护方便，且特性优异、调速方便，可四象限运行等。

3.1　无刷直流电机的结构

无刷直流电机由三个基本部分组成：用永磁材料制造的定子、带有线圈绕组的转子和位置传感器（可有可无），如图 3-1 所示。永磁体安装在无刷直流电机的转子上，定子被扭曲成特定的极数，控制电机的电路与定子绕组相关联。逆变器、控制电路或者调节器并入定子集合中。这是无刷直流电机和普通有刷直流电机之间的基本结构差异。

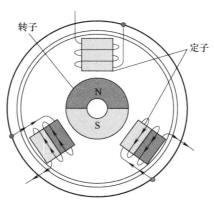

图 3-1　无刷直流电机结构

无刷直流电机的定子结构与感应电机十分相似，由堆叠的硅钢片组成，并且其上带有轴向切槽用以缠绕电机绕组。转子主要由永磁体〔通常是稀土合金材料，如钐钴（SmCo）和钕铁硼（NdFeB）〕组成，根据转子位置不同 BLDCM 可分为内置式和表贴式两种，如图 3-2 所示。

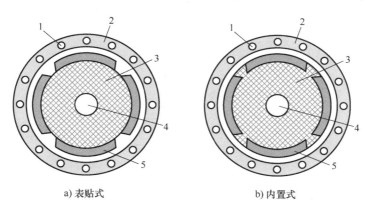

a) 表贴式　　　　　　　　　　　b) 内置式

图 3-2　转子位置不同的 BLDCM

1—定子绕组　2—定子铁心　3—转子铁心　4—转轴　5—永磁体

3.2　无刷直流电机的工作原理

一般而言，无刷直流永磁电机控制系统由电机本体、转子位置传感器、直流电源和控制器四部分所构成，其结构框图如图 3-3 所示。

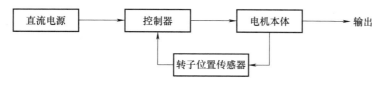

图 3-3　无刷直流电机组成框图

无刷直流永磁电机的典型运行方式是"二相导通星形三相六状态"。在此情况下，规定电流进入电枢绕组的方向为电流正方向，电流离开电枢绕组的方向为电流负方向；U、V 和 W 三相电枢绕组的空间轴线相互间隔 120°电角度；通常采用三个霍尔器件作为无刷直流永磁电机的转子位置传感器，它们沿定子内腔圆周空间按相互间隔 60°电角度配置，也可以相互间隔 120°电角度配置；逆变器采用 120°导通型三相半桥逆变电路。

电机运行时，三相电枢绕组将二相二相地轮流导通，每相电枢绕组持续通电 120°电角度。在一个电气周期内，工作气隙内将形成六个空间磁状态，相邻两个磁状态之间的空间夹角为 60°电角度，即定子电枢磁场将跳跃六步完成一个电气周期。对于精密微型无刷直流永磁电机而言，在每一个磁状态内，每相电枢绕组内感生的反电动势呈正弦波形或梯形波形，导通的每相电枢绕组内将通入矩形波电流。电机为了获得最高的效率，必须使每相电枢绕组内感生的反电动势与每相电枢绕组内流过的电流保持同相位。

如图 3-4 所示，图中开关管 VT_1、VT_3、VT_5 处于上半桥，而开关管 VT_2、VT_4、VT_6 处

于下半桥；通过霍尔传感器传给控制器转子的位置，从而给六个管子分配相应的 PWM 信号控制这些开关管的导通和截止，其控制方式采用二二导通方式。开关管的导通顺序可根据需要的转动方向来控制 PWM 信号的输出。三相全桥驱动下，在一个周期内，每隔 60° 导通状态改变一次，每改变一次状态更换一个开关管，每个开关管导通 120°。例如正转时导通顺序为 VT₁—VT₂—VT₃—VT₄—VT₅—VT₆—VT₁（见图 3-5），反转时导通顺序为 VT₆—VT₅—VT₄—VT₃—VT₂—VT₁—VT₆。

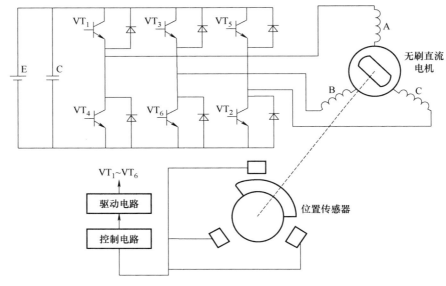

图 3-4　无刷直流电机原理图

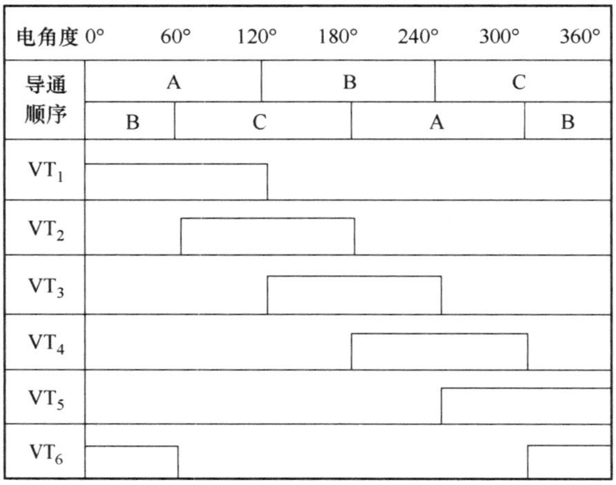

电角度 0°		60°	120°	180°	240°	300°	360°
导通顺序		A		B		C	
		B	C		A		B
VT₁							
VT₂							
VT₃							
VT₄							
VT₅							
VT₆							

图 3-5　正转时绕组和各开关管导通顺序

从无刷直流电机的工作原理上可以看出，定子绕组所产生的磁场应该与转子的位置垂直。为了对其工作原理进行更直观地分析，本文将对二二导通的理论进行更直观的阐述。图 3-6 所示是定子线圈的空间扇形示意图。A-X 表示垂直于 A 相定子绕组的轴线，B-Y 表示垂直于 B 相绕组的轴线，C-Z 表示垂直于 C 相绕组的轴线，如图所示，由 A-X、B-Y、C-Z

构成的 6 个 60°扇区。三相定子绕组的空间扇区分布为 6 个扇区，每一个扇区的面积为 60°。霍尔传感传到控制台也相应地给出了 6 种编码，6 种编码和 6 个区域一一对应。即在每个扇区中，霍尔传感器输出的编码不会改变，而电机转子离开扇区后，传感器会发送与电机转子所在的新扇区相应的新编码。

假设电机逆时针转动时，如图 3-7a 所示此时电机转子处于 1 扇区，为使转子能够获得连续转矩，定子磁场应与转子位置垂直，所以此时应为 AC 相导通，且电流为 A 进 X 出、Z 进 C 出，开关管为 VT_1 和 VT_2 导通，此时的定子磁场和转子相对位置如图 3.7a 所示；相应地当转子处于第二扇区时，应为 AB 相导通，电流为 B 进 Y 出、Z 进 C 出，开关管为 VT_2 和 VT_3 导通，此时的定子磁场和转子相对位置如图 3-7b 所示。后续控制原理不再过多赘述。

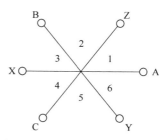

图 3-6　三相定子绕组空间扇区图

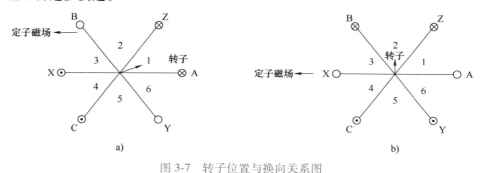

图 3-7　转子位置与换向关系图

3.3　无刷直流电机的气隙磁场和电枢反应

无刷直流电机的性能与气隙磁场分布、绕组形式相关。本节以方波电机为例（永磁同步电机属于正弦波电机），气隙磁场波形为方波，如图 3-8 所示。其宽度大于 120°电角度，绕组为集中整距式绕组，感应的电动势为梯形波，其平顶宽度大于 120°电角度，采用方波电流驱动，即与 120°导通型三相逆变器匹配，提供三相对称宽度为 120°电角度的方波电流。图 3-9 为反电动势与方波电流。

假设电动机工作在 A 相和 B 相绕组导通的磁状态范围，A 相绕组和 B 相绕组在空间的合成磁动势 F_a 如图 3-10 所示。转子顺时针旋转时，对应于该磁状态的转子边界如图中 I 和 II 位置。为便于分析，将电枢磁动势 F_a 分解为直轴分量 F_{ad} 和交轴分量 F_{aq}。当转子磁极轴线处于位置 I 时，电枢磁动势直轴分量 F_{ad} 对转子主磁极产生最大去磁作用。当转子磁极轴线旋转到位置 II 时，如图 3-10b 所示，电枢磁动势直轴分量 F_{ad} 对转子主磁极产生最强增磁作用。当转子磁极轴线位于 I 和 II 位置的正中间，即转子主磁极与电枢合成磁动势 F_a 呈 90°时，电枢磁动势直轴分量 $F_{ad}=0$。可见，在一个磁状态范围内，电枢磁动势在刚开始时为最大去磁，然后逐渐减小，在 1/2 磁状态时不去磁不增磁，后半个磁状态逐渐增磁并达到最大值。

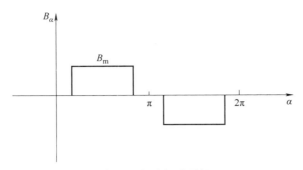

图 3-8 方波气隙磁场

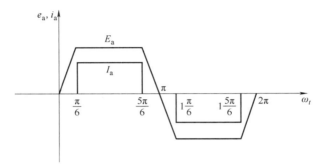

图 3-9 反电动势与方波电流

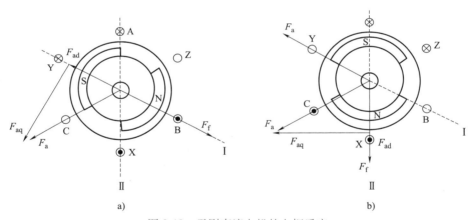

图 3-10 无刷直流电机的电枢反应

交轴电枢磁动势 F_{aq} 对主磁场的作用是使气隙磁场波形畸变。对于表贴式永磁体，由于永磁体本身的磁阻很大，故交轴电枢磁动势引起气隙磁场畸变较小。对于内嵌式永磁体，由于转子磁极磁阻很小，故交轴电枢磁动势 F_{aq} 可导致气隙磁场较大畸变，产生一定的去磁作用。

3.4 霍尔传感器的工作原理

霍尔传感器具有结构简单、价格低廉、安装灵活、方便等优点，因此无刷直流电机一般需要采用霍尔传感器对转子的位置进行检测，从而为控制器提供换向时间的信息。霍尔传感器的工作原理建立在霍尔效应的基础上。与外部磁场垂直的电流通过导线时，在与磁场和电流方向垂直的两端表面上产生一个电位差，也称为霍尔电势差 U_H。

$$U_H = K_H I B \tag{3.1}$$

式中，K_H 代表霍尔灵敏度；I 代表流过霍尔的电流；B 代表霍尔所处磁场的磁场强度。

由电磁感应定律得，当霍尔处于不同极性时的磁场就会产生两个极性相反数值相同的 U_H，霍尔在不同极性的磁场时会输出不同的数字量。例如，当处于 N 极磁场时，输出"1"；处于 S 极磁场，输出"0"。在 BLDCM 控制系统中，由于转子的安装采用 N、S 两种形式交替布置，因此在转子旋转时，霍尔传感器在交替变化的磁场中会产生不同的数值。BLDCM 系统霍尔传感器的工作原理，如图 3-11 所示。

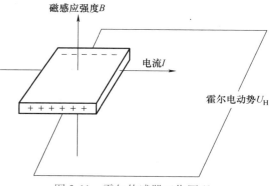

图 3-11　霍尔传感器工作原理

如图 3-12 所示即为理想反电动势对应三相绕组电流和霍尔信号示意图。三相绕组的反电动势和电流对应，同时反电动势和霍尔信号对应图也可以直观看出。

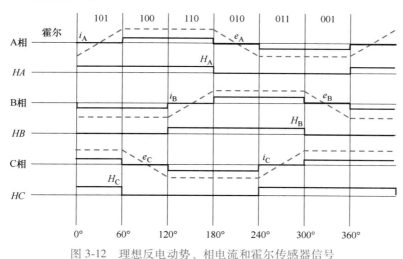

图 3-12　理想反电动势、相电流和霍尔传感器信号

表 3-1　霍尔信号电平状态以及对应导通情况

开关区间	0°~60°	60°~120°	120°~180°	180°~240°	240°~300°	300°~360°
开关顺序	1	2	3	4	5	6
HA	1	1	1	0	0	0
HB	0	0	1	1	1	0
HC	1	0	0	0	1	1
A 相	OFF	+	+	OFF	−	−
B 相	−	−	OFF	+	+	OFF
C 相	+	OFF	−	−	OFF	+

注：表 3-1 中三相电流 A、B 和 C 方向为：OFF 表示没有电流流过，"+"则代表输入电流，"−"则代表输出电流。

3.5　无刷直流电机的数学模型

无刷直流电机分析电路时，只用分析三相定子绕组的电路原理，如图 3-13 所示为接法为星型时的定子电路等效图。

依据电路图 3-13 定子等效电路模型可以得出无刷直流电机三相定子电压平衡方程为

$$
\begin{bmatrix} u_A \\ u_B \\ u_C \end{bmatrix} = \begin{bmatrix} R & 0 & 0 \\ 0 & R & 0 \\ 0 & 0 & R \end{bmatrix} \begin{bmatrix} i_A \\ i_B \\ i_C \end{bmatrix} + \begin{bmatrix} L-M & 0 & 0 \\ 0 & L-M & 0 \\ 0 & 0 & L-M \end{bmatrix} p \begin{bmatrix} i_A \\ i_B \\ i_C \end{bmatrix} + \begin{bmatrix} e_A \\ e_B \\ e_C \end{bmatrix} \tag{3.2}
$$

式中，u_A、u_B、u_C 是定子三相绕组电压；e_A、e_B、e_C 是定子相绕组电动势；L 是定子每相绕组自感；M 是定子每两相绕组间的互感；R 是三相定子电阻；p 是微分算子。

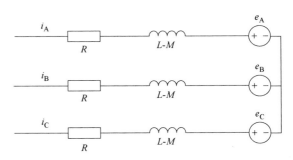

图 3-13　定子等效电路模型

其中相电动势为

$$
e = \frac{p}{15a_i} N\phi n = C_e \phi n \tag{3.3}
$$

式中，N 为每相串联匝数；a_i 为计算极弧系数；C_e 为电动势常数；n 为转速；p 为极对数。

由三相绕组连接方式为星形连接，且不引出中线，则有如下条件：

$$
\begin{cases} i_A + i_B + i_C = 0 \\ Mi_A + Mi_B + Mi_C = 0 \end{cases} \tag{3.4}
$$

电磁转矩是电动机旋转磁场各极磁通与转子电流相互作用而在转子上形成的旋转力矩，是电动机将电能转换成机械能最重要的物理量之一，其大小等于通过气隙传到转子上的功率比转子的机械角速度：

$$
T_e = \frac{e_A i_A + e_B i_B + e_C i_C}{\Omega} \tag{3.5}
$$

电磁功率可以表示为

$$
P_e = e_A i_A + e_B i_B + e_C i_C = 2E_s I_s \tag{3.6}
$$

因此电磁转矩又可表示为

$$
T_e = \frac{P_e}{\Omega} = \frac{2E_s I_s}{\Omega} \tag{3.7}
$$

转矩是无刷直流电机控制的关键，控制系统的运动方程为

$$
T_e - T_L = J \frac{\mathrm{d}\Omega}{\mathrm{d}t} = \frac{GD^2}{375} \frac{\mathrm{d}n}{\mathrm{d}t} \tag{3.8}
$$

式中，T_L 是负载转矩；GD^2 是转动惯量，习惯称飞轮矩；G 表示物体质量；D 表示物体的直径；J 是机械转动惯量。

3.6 无刷直流电机在 Simulink 中仿真建模

仿真模型中所用电机参数见表 3-2。仿真条件设置为：仿真步长 $1e^{-5}$ s，解算方法为固定步长，ode4 算法，仿真时长 0.5s，初始时刻转速给定 100r/min，空载运行，$t = 0.1$s 后转速给定为 200r/min；空载运行，$t = 0.3$s 后，负载转矩给定 1N·m，转速环参数 $K_p = 0.1$，$K_i = 40$，仿真模型如图 3-14 所示。电源采用直流电流源，母线电流由转速环 PI 给定，电机的转速、转矩和霍尔传感器仿真结果如图 3-15 所示。

表 3-2　电机参数

参　数	数　值
额定电压 U_N/V	48
额定电流 I_N/A	10
额定转矩 T_N/(N·m)	1
电阻 R_s/Ω	0.1
dq 轴电感 L_s/mH	0.1
永磁体磁链 ψ_f/Wb	0.0175
转动惯量 J/(kg·m^2)	0.0005
极对数 n_p	4

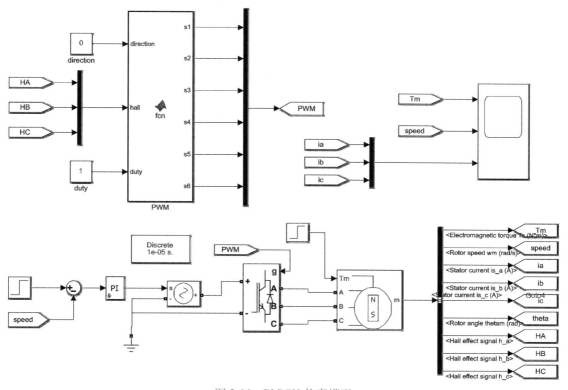

图 3-14　BLDCM 仿真模型

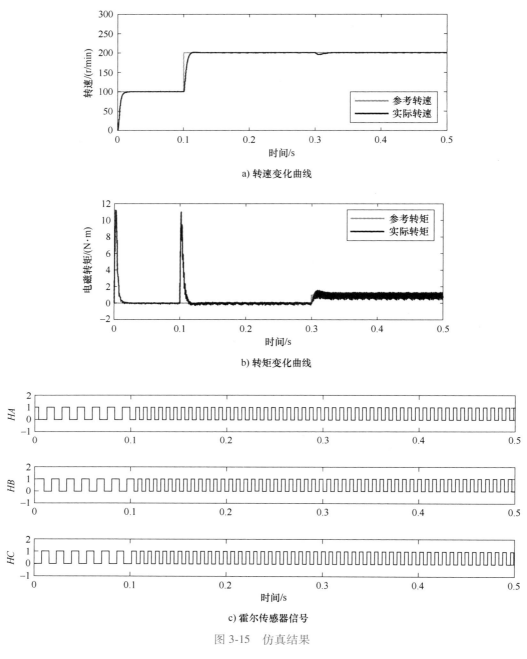

a) 转速变化曲线

b) 转矩变化曲线

c) 霍尔传感器信号

图 3-15　仿真结果

换相顺序（见图 3-15）使用 MATLAB/Function 编写，内容如下：

```
function [s1,s2,s3,s4,s5,s6] = fcn(direction,hall,duty)

    S=4*hall(1)+2*hall(2)+hall(3);

    if direction==1            % positive direction
```

```
    switch ( S )
      case 5
        s1=0,s2=1,s3=1,s4=0,s5=0,s6=0;
      case 1
        s1=0,s2=0,s3=1,s4=0,s5=0,s6=1;
      case 3
        s1=1,s2=0,s3=0,s4=0,s5=0,s6=1;
      case 2
        s1=1,s2=0,s3=0,s4=1,s5=0,s6=0;
      case 6
        s1=0,s2=0,s3=0,s4=1,s5=1,s6=0;
      case 4
        s1=0,s2=1,s3=0,s4=0,s5=1,s6=0;
      otherwise
        s1=0,s2=0,s3=0,s4=0,s5=0,s6=0;
    end
  else
    switch ( S )
      case 5
        s1=1,s6=0,s3=0,s2=0,s5=0,s4=1;
      case 1
        s1=0,s6=0,s3=0,s2=0,s5=1,s4=1;
      case 3
        s1=0,s6=0,s3=0,s2=1,s5=1,s4=0;
      case 2
        s1=0,s6=0,s3=1,s2=1,s5=0,s4=0;
      case 6
        s1=0,s6=1,s3=1,s2=0,s5=0,s4=0;
      case 4
        s1=1,s6=1,s3=0,s2=0,s5=0,s4=0;
      otherwise
        s1=0,s6=0,s3=0,s2=0,s5=0,s4=0;
    end
  end
  s1=s1*duty;
  s3=s3*duty;
  s5=s5*duty;
end
```

3.7 无刷直流电机在 Simulink 中代码生成

无刷直流电机的 Simulink 代码生成整体可分为无刷直流电机程序、ADC 模块（电流采样）、DAC 模块（获取实验数据）和其他模块（包括 PWM 使能、直流 DC 使能、风扇使能）等五个部分。需要说明的是本实验使用的 DSP 芯片是 TME320F28335，因此书中所列写的程序也都是基于 DSP2833x 系列。

3.7.1 无刷直流电机程序

在无刷直流电机控制中，霍尔换相是其关键部分，此处采用三个 GPIO 引脚分别获取霍尔三路信号 HALL_U，HALL_V 和 HALL_W，依据 3.6 节中的换相顺序得到 6 路开关信号，可直接输入给功率器件，如图 3-16 所示。

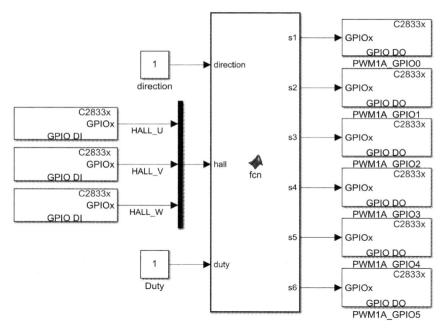

图 3-16　无刷直流电机霍尔换相程序

3.7.2 ADC 采样

此处 ADC 采样主要获取三相电流值，如图 3-17 所示。其中 A/D 采集芯片采集到的信号值需要经过"双重矫正"，即零飘消除和系数矫正来获取正确的实验数据值。此处共有 9 路 A/D 输出，因而需要九个内存拷贝模块以将一个单独的数据元素从源头复制到目的地址。

根据 A/D 采集模块需要对该模块进行初始化配置，图 3-17 中 WM_AD0-7 分别由 Model Header、Model Source、System Initialize 和 System Outputs 四个单元封装组成，如图 3-18 所示。

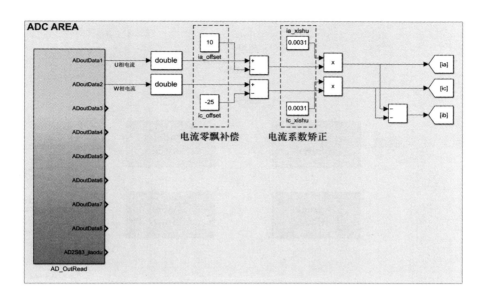

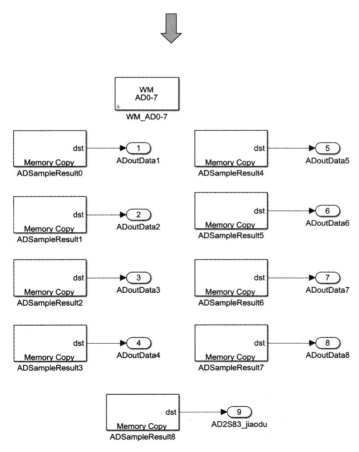

图 3-17　A/D 采集模块

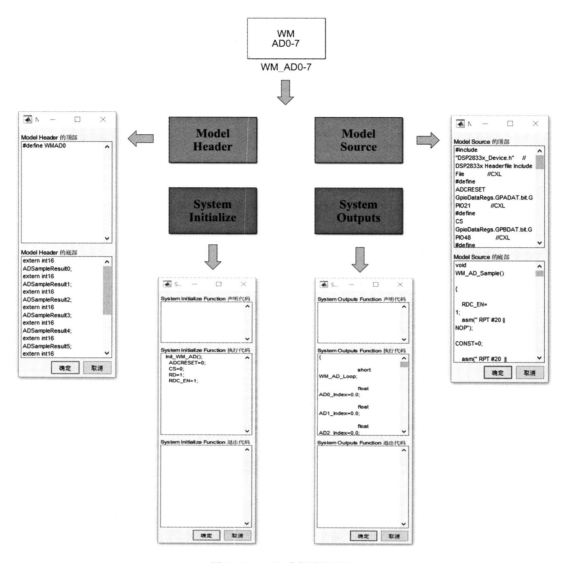

图 3-18　A/D 采集模块配置

其中 Model Header 需要对所需要用到的采样地址和数据类型进行如下定义：

```
%% Model Header 的顶部
#define WMAD0


%% Model Header 的底部

extern int16 ADSampleResult0;        // 对应 A/D 采集信号
extern int16 ADSampleResult1;
extern int16 ADSampleResult2;
```

```
extern int16 ADSampleResult3;
extern int16 ADSampleResult4;
extern int16 ADSampleResult5;
extern int16 ADSampleResult6;
extern int16 ADSampleResult7;
extern unsigned int jiaodu;
extern unsigned int * AD2S83_jiaodu;
extern int16 * AD_CHIP;
```

Model Source 需要填写 C 语言程序内容如下（其中的 GPIO 引脚根据开发板进行相关设置，本例中使用 AD7606 芯片）：

```
%% Model Source 的顶部
#include "DSP2833x_Device.h"      // DSP2833x Headerfile Include File
#define ADCRESET     GpioDataRegs.GPADAT.bit.GPIO21      // 复位 AD7606
#define CS           GpioDataRegs.GPBDAT.bit.GPIO48      // AD7606 的开
始通道选择信号
#define CONST        GpioDataRegs.GPADAT.bit.GPIO23      // AD7606 的启
动 AD 转换信号
#define RD           GpioDataRegs.GPADAT.bit.GPIO27      // AD7606 的读
取数据信号
#define RDC_EN       GpioDataRegs.GPBDAT.bit.GPIO39      // RDC 解码后数
据传给 DSP28335
int16 ADSampleResult0;
int16 ADSampleResult1;
int16 ADSampleResult2;
int16 ADSampleResult3;
int16 ADSampleResult4;
int16 ADSampleResult5;
int16 ADSampleResult6;
int16 ADSampleResult7;
int16 * AD_CHIP = (int16 *) 0x004001;
unsigned int * AD2S83_jiaodu= (unsigned int *) 0x004002;
unsigned int jiaodu;
void WM_AD_Sample(void);
void Init_WM_AD(void);
Bottom of Model Source
%% Model Source 的底部
void WM_AD_Sample()
```

```
{
    RDC_EN = 1;                        // 低电平有效,高电平表示禁止传输数据
    asm(" RPT #20 || NOP");            // 空指令,占用 20+1 个指令周期,延时作用
    CONST = 0;                         // 禁止 A/D 转换
    asm(" RPT #20  || NOP");           // Min time   45ns
    CONST = 1;                         // 启动 A/D 转换
    asm(" RPT #200 || NOP");           // Min time   45ns
    asm(" RPT #200 || NOP");           // Min time   45ns
    asm(" RPT #200 || NOP");           // Min time   45ns
    CS = 0;                            // 开始选择 AD 的数据传输通道,从 ADCIN1 开始
    asm(" RPT #10 || NOP");            // Min time   45ns
    RD = 1;                            // 读取数据需要一个下降沿
    RD = 0;                            // 开始读取数据
        ADSampleResult0 = * AD_CHIP;
    asm(" RPT #5 || NOP");             //Min time   45ns
    RD = 1;                            //ADCIN1 读完后,变为高电平
    RD = 0;                            //下降沿读取 ADCIN2 数据
ADSampleResult1 = * AD_CHIP;
    asm(" RPT #5 || NOP");
    RD = 1;
    RD = 0;
ADSampleResult2 = * AD_CHIP;
    asm(" RPT #5 || NOP");
    RD = 1;                            // 转为高电平
    RDC_EN = 0;                        // 信号开始传输
    jiaodu = * AD2S83_jiaodu;          // 把 0x004002 中的位置数据传给 DSP28335
    jiaodu = jiaodu>>2;
    RDC_EN = 1;                        // 关闭 RDC 传输位置信息
    RD = 0;                            // 将数据传给 DSP28335
ADSampleResult3 = * AD_CHIP;
    asm(" RPT #5 || NOP");
    RD = 1;
    RD = 0;
ADSampleResult4 = * AD_CHIP;
    asm(" RPT #5 || NOP");
    RD = 1;
    RD = 0;
ADSampleResult5 = * AD_CHIP;
```

```
    asm(" RPT #5 ||NOP");
    RD=1;
    RD=0;
ADSampleResult6 = * AD_CHIP;
    asm(" RPT #5 ||NOP");
    RD=1;
    RD=0;
ADSampleResult7 = * AD_CHIP;
    asm(" RPT #5 ||NOP");
    RD=1;
    asm(" RPT #10 ||NOP");
    CS=1;
}
void Init_WM_AD(void)
{
    EALLOW;
    GpioCtrlRegs.GPAMUX2.bit.GPIO21=0;
    GpioCtrlRegs.GPBMUX2.bit.GPIO48=0;
    GpioCtrlRegs.GPAMUX2.bit.GPIO23=0;
    GpioCtrlRegs.GPBMUX1.bit.GPIO39=0;
    GpioCtrlRegs.GPAMUX2.bit.GPIO27=0;
    GpioCtrlRegs.GPBDIR.bit.GPIO48=1;
    GpioCtrlRegs.GPADIR.bit.GPIO23=1;
    GpioCtrlRegs.GPADIR.bit.GPIO21=1;
    GpioCtrlRegs.GPBDIR.bit.GPIO39=1;
    GpioCtrlRegs.GPADIR.bit.GPIO27=1;
    EDIS;
}
```

System Initialize 需要进行初始化设置:

```
%%System Initialize Function 执行代码
Init_WM_AD();
ADCRESET=0;
CS=0;
RD=1;
RDC_EN=1;
```

System Outputs 需要对输出的实验数据加以描述, 即根据电路原理计算相应地址位上的实际数据值:

```
%%System Outputs Function 执行代码
{
 short WM_AD_Loop;
 float AD0_Index=0.0;
 float AD1_Index=0.0;
 float AD2_Index=0.0;
 float AD3_Index=0.0;
 float AD4_Index=0.0;
 float AD5_Index=0.0;
 float AD6_Index=0.0;
 float AD7_Index=0.0;
 for(WM_AD_Loop=0;WM_AD_Loop<2;WM_AD_Loop++)
 {
 asm(" RPT #100 ||NOP");     // Min time  45ns
 WM_AD_Sample();
 }
}
```

Memory Copy 模块设置如下（以 ADSampleResult0 为例）：

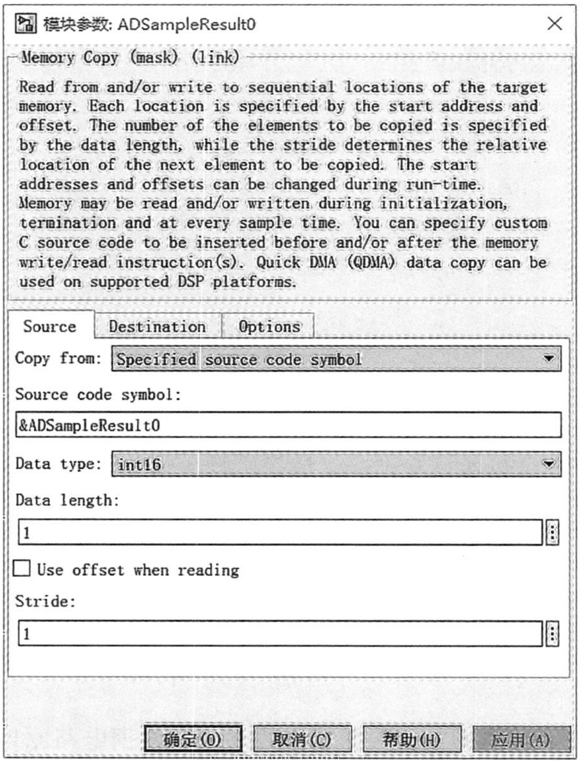

图 3-19　ADSampleResult0 设置

3.7.3 DAC 获取数据

DAC 获取实验数据同 ADC 采样模块封装相同，通过 SPI 总线将 DSP28335 中数据转换成模拟量，分别由 Model Header、Model Source、System Initialize 和 System Outputs 四个单元组成，如图 3-20 所示。需要说明的是，在硬件设备上，并未使用 DSP 自带 DAC 输出，而是使用了外部芯片 AD5734 作为 DAC 输出信号器。

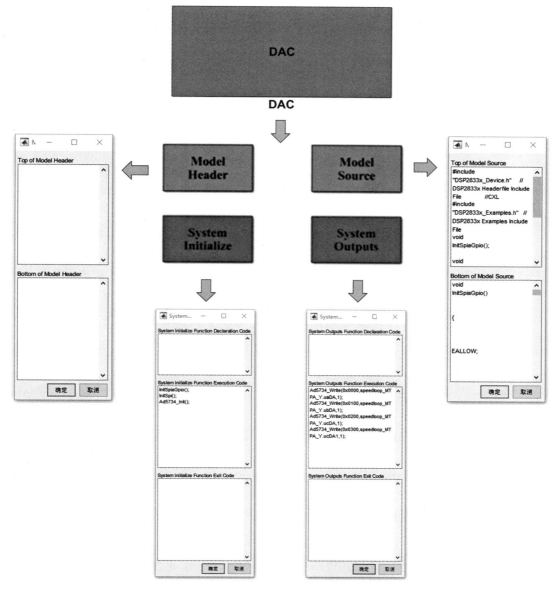

图 3-20 DAC 数据采集

其中 Model Header 可不填写任何内容，Model Source 需要填写 C 语言程序内容如下（其中的 GPIO 引脚根据开发板进行相关设置）：

```
%%Model Source 的顶部
#include "DSP2833x_Device.h"     // DSP2833x Headerfile Include File
#include "DSP2833x_Examples.h"   // DSP2833x Examples Include File
void InitSpiaGpio();                // 初始化 SPI 的 GPIO
void InitSpi(void);                 // 初始化 SPI 总线
void Ad5734_Write(Uint16 command,int16 data,Uint16 output);
                    // AD5734 的写入,即从 DSP28335 到 AD5734 的数据转换
void Ad5734_Init(void);             // AD5734 的初始化
void CLR_Ad5734(void);              // AD5734 的复位

Bottom of Model Source

void InitSpiaGpio()
{
  EALLOW;
   GpioCtrlRegs.GPBPUD.bit.GPIO54 = 0;              // Enable pull-up on
GPIO54 (SPISIMOA)
    GpioCtrlRegs.GPBPUD.bit.GPIO55 = 0;             // Enable pull-up on
GPIO55 (SPISOMIA)
    GpioCtrlRegs.GPBPUD.bit.GPIO56 = 0;             // Enable pull-up on
GPIO56 (SPICLKA)
    GpioCtrlRegs.GPBQSEL2.bit.GPIO54=3;             // Asynch input GPIO16
(SPISIMOA)
    GpioCtrlRegs.GPBQSEL2.bit.GPIO55=3;             // Asynch input GPIO17
(SPISOMIA)
    GpioCtrlRegs.GPBQSEL2.bit.GPIO56=3;             // Asynch input GPIO18
(SPICLKA)
    GpioCtrlRegs.GPBMUX2.bit.GPIO54=1;              // Configure GPIO54 as
SPISIMOA
    GpioCtrlRegs.GPBMUX2.bit.GPIO55=1;              // Configure GPIO55 as
SPISOMIA
    GpioCtrlRegs.GPBMUX2.bit.GPIO56=1;              // Configure GPIO56 as
SPICLKA
    GpioCtrlRegs.GPAMUX2.bit.GPIO16=0;
    GpioCtrlRegs.GPADIR.bit.GPIO16=1;
    EDIS;
}
void InitSpi(void)
```

```
  {
    SpiaRegs. SPICCR. bit. SPISWRESET = 0;      // Reset SPI
    SpiaRegs. SPICCR. all = 0x0007;             // Reset on, rising edge, 8-bit
char bits
    SpiaRegs. SPICCR. bit. CLKPOLARITY = 1;     // 访问 AD5734 时需设置为 1
    SpiaRegs. SPICTL. all = 0x000E;  // Enable master mode, normal phase,
                                     // enable talk, and SPI int disabled.
    SpiaRegs. SPIBRR = 0x0000;
    SpiaRegs. SPICCR. all = 0x0087;             // Relinquish SPI from Reset
  }
  void Ad5734_Write(Uint16 command, int16 data, Uint16 output)
  {
    if(output == 1)
    {
      if(data<0)
      {
        data = -1 * data;
        data = ~ data;
        data = data+1;
      }
  data = data<<2;
    }
    EALLOW;
    GpioDataRegs. GPADAT. bit. GPIO16 = 0;//sync = 0 signal
    EDIS;
    while(SpiaRegs. SPISTS. bit. BUFFULL_FLAG == 1);
    SpiaRegs. SPITXBUF = command;// command
    while(SpiaRegs. SPISTS. bit. BUFFULL_FLAG == 1);
    SpiaRegs. SPITXBUF = data;// data fasonggaobawei
    while(SpiaRegs. SPISTS. bit. BUFFULL_FLAG == 1);
    SpiaRegs. SPITXBUF = data<<8;// data<<8 fasongdibawei
    while(SpiaRegs. SPISTS. bit. BUFFULL_FLAG == 1);
    DELAY_US(1);
    EALLOW;
    GpioDataRegs. GPADAT. bit. GPIO16 = 1;//sync = 1 signal
    EDIS;
  }
```

```
void Ad5734_Init(void)
{
  Ad5734_Write(0x0C00,0x0004,0);
  Ad5734_Write(0x1000,0x000F,0);
  DELAY_US(50);
  Ad5734_Write(0x1900,0x0005,0);
  Ad5734_Write(0x1c00,0x0000,0);
}
void CLR_Ad5734(void)
{
  Ad5734_Write(0x1c00,0x0000,0);
}
```

System Initialize 需要进行初始化设置：

```
System Initialize Function Execution Code
InitSpiaGpio();
InitSpi();
Ad5734_Init();
```

System Outputs 需要对想要获取的实验数据加以描述：

```
%%System Outputs Function 执行代码
Ad5734_Write(0x0000,speedloop_MTPA_Y.ua,1);
Ad5734_Write(0x0100,speedloop_MTPA_Y.ub,1);
Ad5734_Write(0x0200,speedloop_MTPA_Y.uc,1);
Ad5734_Write(0x0300,speedloop_MTPA_Y.uc,1);
```

需要说明的是此处共有四个数据输出点：0x0000、0x1000、0x2000 和 0x3000，想要获取相关的实验数据，只需要对 System Outputs 内容加以修改即可。具体以第一行为例，表 3-3 说明了各个变量表示的对应关系。

表 3-3　DAC 输出数据代码描述

名称	解释	备注
Ad5734_Write	采用 AD5734 芯片进行写操作	—
0x0000	数据地址	—
speedloop_MTPA_Y	"文件名"_"输出"	如果不使用 Output 模块，而采用 Data Store Write 模块，此处的 "_Y" 需要更改为 "_WORK"。
u_a	实验变量名称	—
1	—	—

如果想要查看转矩波形，可以根据电机的电磁转矩公式进行图 3-21 所示设置，由于实际转矩值比较小，因此可以将输出波形放大，这里选择放大倍数 500。注意，图中使用的是"Data Store Write"模块，因此 System Outputs 里面的 DA 输出要改为 AD5734_Write（0x0000，speedloop_MTPA_WORK. Te，1）。

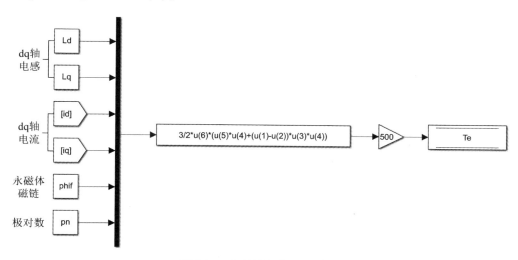

图 3-21　电磁转矩的 D/A 输出

3.7.4　其他模块

为了更好地保护电路及元器件安全，有必要设置直流电源使能保护功能和 PWM 使能保护功能，风扇散热保护功能可根据功率板实际电路自由选择。具体在 Simulink 中的搭建如图 3-22 所示。

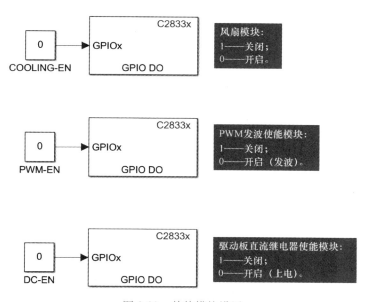

图 3-22　其他模块设置

3.7.5 实验结果

实验使用永磁无刷直流电机，验证上述代码生成方式可行。电机运行在 7000r/min，负载转矩 10N·m，三相电流波形（A 相）如图 3-23 所示。

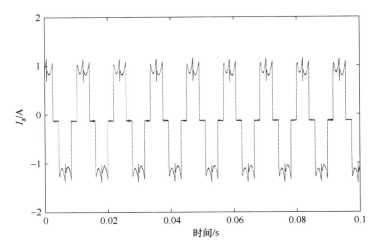

图 3-23 电机 A 相电流波形

第4章 永磁同步电机的磁场定向控制技术

磁场定向控制可类似直流电机的控制方式将转矩和磁链解耦控制，其主要手段是利用坐标变换理论将自然坐标系下的电机方程变换成两相旋转正交坐标系下的电机方程，再通过 PI 级联控制器，逐级控制位置、转速和电流等信号，拥有不错的动、静态特性。本章主要是对永磁同步电机的磁场定向控制技术进行讲解，并对其在 Simulink 中代码生成过程进行介绍。

4.1 坐标变换理论及仿真建模

根据永磁同步电机（Permanent Magnet Synchronous Motor，PMSM）在自然坐标系下的电压向量方程以及电磁转矩方程可知，PMSM 的数学模型是一个具有强耦合、高阶且多变量的系统。为了便于解耦控制，需要使用坐标变换对其进行解耦与降级处理。

4.1.1 三相静止到两相静止

要实现转矩和磁链的解耦控制，首先需要将电机的三相电压方程从三相自然坐标系变换到两相静止坐标系，即 Clark 变换。需要注意的是坐标变换原则是：一种是坐标变换前后总磁动势不变，一种是坐标变换前后总功率不变。而二者的不同之处在于，坐标变换的系数不同，前者是 2/3，后者是 $\sqrt{2/3}$。

Clark 变换的变换矩阵如下：

$$
\begin{bmatrix} U_\alpha \\ U_\beta \\ 0 \end{bmatrix} = m \begin{bmatrix} 1 & -\dfrac{1}{2} & -\dfrac{1}{2} \\ 0 & \dfrac{\sqrt{3}}{2} & -\dfrac{\sqrt{3}}{2} \\ \dfrac{1}{2} & \dfrac{1}{2} & \dfrac{1}{2} \end{bmatrix} \begin{bmatrix} u_a \\ u_b \\ u_c \end{bmatrix}
\tag{4.1}
$$

其中，m 的取值决定了是恒定磁动势变换或是恒定功率变换，当 $m = 2/3$ 时，是恒定磁动势变换，当 $m = \sqrt{2/3}$ 时为恒定功率变换。

4.1.2 两相静止到两相旋转

因为转子是旋转的，上一步变换是基于定子坐标系，在分析电机动态方程时，需要站在转子的角度去看，所以还需要一步将静止坐标系转换到旋转坐标系的步骤，即 Park 变换。

Park 变换矩阵如下：

$$
\begin{bmatrix} U_d \\ U_q \end{bmatrix} = \begin{bmatrix} \cos\theta & \sin\theta \\ -\sin\theta & \cos\theta \end{bmatrix} \begin{bmatrix} U_\alpha \\ U_\beta \end{bmatrix}
\tag{4.2}
$$

式中，θ 是 U_d 和 U_α 的夹角，然后将其代入到 Clark 变换矩阵可以得到 Park 变换矩阵

$$\begin{bmatrix} U_d \\ U_q \\ U_0 \end{bmatrix} = m \begin{bmatrix} \cos\theta & \cos\left(\theta - \dfrac{2\pi}{3}\right) & \cos\left(\theta + \dfrac{2\pi}{3}\right) \\ -\sin\theta & -\sin\left(\theta - \dfrac{2\pi}{3}\right) & -\sin\left(\theta + \dfrac{2\pi}{3}\right) \\ \dfrac{1}{2} & \dfrac{1}{2} & \dfrac{1}{2} \end{bmatrix} \begin{bmatrix} U_a \\ U_b \\ U_c \end{bmatrix} \tag{4.3}$$

4.1.3 坐标变换仿真模型

对于坐标变换，在电机相关应用中，必不可少的要通过该方式来达到更好的控制效果。而在 Simulink 中，虽有系统自带模型，但为了读者更好地理解，通过 MATLAB 来进行更加细致的讲解。

根据坐标变换理论，可以使用 MATLAB/Simulink 中的 MATLAB Function 模块搭建仿真模型（注：MATLAB2020 版以后，用户自定义函数库中不再有"多维输入到一维输出 Fcn 函数"模块），如图 4-1 所示。

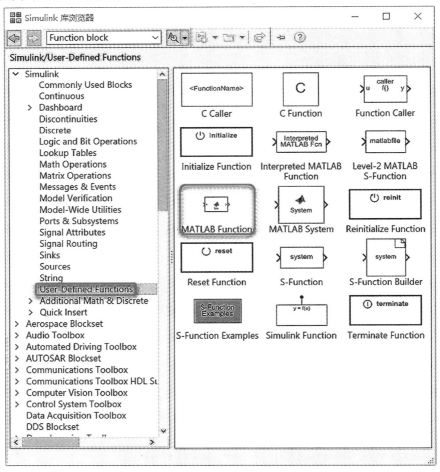

图 4-1　坐标变换 MATLAB Function 模块位置图

依据上述变换矩阵，可以搭建出相应的函数模型如下所示：

```
%%Clark 变换(三相自然坐标系-两相静止坐标系)
function [Ualpha,Ubeta] = fcn(Ua,Ub,Uc)
    Ualpha = (Ua-0.5*(Ub+Uc))*2/3;
    Ubeta = (Ub-Uc)*sqrt(3)/3;
end
%%反 Clark 变换(两相静止坐标系-三相自然坐标系)
function [Ua,Ub,Uc] = fcn(Ualpha,Ubeta)
    Ua = Ualpha;
    Ub =-0.5*Ualpha + sqrt(3)/2*Ubeta;
    Uc =-0.5*Ualpha - sqrt(3)/2*Ubeta;
end
%%Park 变换(两相静止坐标系-两相旋转正交坐标系)
function [Ud,Uq] = fcn(Ualpha,Ubeta,theta)
    Ud = Ualpha*cos(theta) + Ubeta*sin(theta);
    Uq =-Ualpha*sin(theta) + Ubeta*cos(theta);
end
%%反 Park 变换(两相旋转正交坐标系-两相静止坐标系)
function [Ualpha,Ubeta] = fcn(Ud,Uq,theta)
    Ualpha = Ud*cos(theta) - Uq*sin(theta);
    Ubeta = Ud*sin(theta) + Uq*cos(theta);
end
%%三相自然坐标系-两相旋转正交坐标系
function [Ud,Uq] = fcn(Ua,Ub,Uc,theta)
    Ud = (Ua*cos(theta) + Ub*cos(theta-2*pi/3) + Uc*cos(theta + 2*
pi/3))*2/3;
    Uq =-(Ua*sin(theta) + Ub*sin(theta-2*pi/3) + Uc*sin(theta + 2*
pi/3))*2/3;
end
%%两相旋转正交坐标系-三相自然坐标系
function [Ua,Ub,Uc] = fcn(Ud,Uq,theta)
    Ua = Ud*cos(theta)-Uq*sin(theta);
    Ub = Ud*cos(theta-2*pi/3)-Uq*sin(theta-2*pi/3);
    Uc = Ud*cos(theta + 2*pi/3)-Uq*sin(theta + 2*pi/3);
end
```

注：公式中的变换 α，β 和 θ 分别用 alpha，beta 和 theta 表示。

4.2 SVPWM 算法生成及仿真建模

4.2.1 SVPWM 理论分析

空间电压矢量脉宽调制（Space Voltage Vector Pules Width Modulation，SVPWM）是近年发展的一种比较新颖的控制方法，是由三相功率逆变器的六个功率开关组件组成的特定开关模式产生的脉宽调制波，能够使输出电流波形尽可能接近于理想的正弦波形。SVPWM 技术与 SPWM 相比较，绕组电流波形的谐波成分小，使得电机转矩脉动降低，旋转磁场更逼近圆形。而且使直流母线电压的利用率有了很大提高，更易于实现数字化。

其理论基础是在一个开关周期 T 内通过对基本电压矢量加以组合，使其平均值与给定电压矢量相等，即平均值等效原理。根据电压空间矢量图可知：它们将复平面分为 6 个区，称为扇区。无论何时何刻，当前电压空间矢量 U 总是处于某一区域内，则可以通过该区域两个相邻的非零矢量和零矢量在时间上的不同组合得出。以图 4-2 中的扇区 I 为例，根据平衡等效原则可得：

$$\begin{cases} TU = T_4U_4 + T_6U_6 + T_0U_0 \\ T_4 + T_6 + T_0 = T \\ U_1 = \dfrac{T_4}{T}U_4 \\ U_2 = \dfrac{T_6}{T}U_6 \end{cases} \tag{4.4}$$

式中，T 表示对应下角标 U 的作用时间。

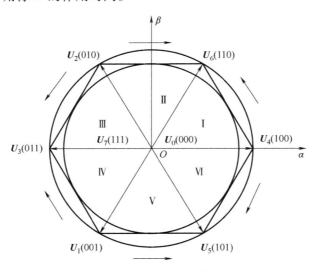

图 4-2　电压空间矢量图

假设三相 3 个标量为 x_a，x_b，x_c 且满足 $x_a + x_b + x_c = 0$，则引入变换可得

$$X = x_a + e^{j\frac{2}{3}\pi}x_b + e^{-j\frac{2}{3}\pi}x_c \tag{4.5}$$

上式中复数 X 表示在复平面上的一个矢量 $\boldsymbol{M}$，可分为实部和虚部，再通过关系式 $x_a+x_b+x_c=0$ 可以得出

$$\begin{bmatrix} \mathrm{Re}\boldsymbol{M} \\ \mathrm{Im}\boldsymbol{M} \\ 0 \end{bmatrix} = \begin{bmatrix} 1 & -\dfrac{1}{2} & -\dfrac{1}{2} \\ 0 & \dfrac{\sqrt{3}}{2} & -\dfrac{\sqrt{3}}{2} \\ \dfrac{1}{2} & \dfrac{1}{2} & \dfrac{1}{2} \end{bmatrix} \begin{bmatrix} x_a \\ x_b \\ x_c \end{bmatrix} \qquad (4.6)$$

如果复数矢量 $\boldsymbol{M}$ 已知，则可以唯一解出 x_a，x_b，x_c，而在合成电压空间矢量时，需计算相关电压的作用时间，由图 4-3 可得

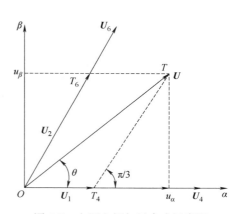

图 4-3 电压空间矢量合成示意图

$$\frac{|\boldsymbol{U}|}{\sin\dfrac{2}{3}\pi} = \frac{|\boldsymbol{U}_1|}{\sin\left(\dfrac{\pi}{3}-\theta\right)} = \frac{|\boldsymbol{U}_2|}{\sin\theta} \qquad (4.7)$$

式中，θ 为合成矢量与主矢量的夹角，$|\boldsymbol{U}|=U_m$。

将式 (4.4) 和等式 $|\boldsymbol{U}_4|=|\boldsymbol{U}_6|=\dfrac{2}{3}U_{dc}$ 代入到式 (4.7) 可得

$$\begin{cases} T_4 = mT_s\sin\left(\dfrac{\pi}{3}-\theta\right) \\ T_6 = mT_s\sin\theta \\ T_0 = T_7 = \dfrac{1}{2}(T_s-T_4-T_6) \end{cases} \qquad (4.8)$$

式中，$m=\sqrt{3}\,U_m/U_{dc}$ 为 SVPWM 的调制比。

在 SVPWM 调制中，并不是无条件调制，是应使得合成矢量在线性区域内调制，其调制条件为：$U_m \leqslant 2U_{dc}/3$，也就是说 $\boldsymbol{M}$ 最大值为 1.1547。则表明在此种方式中，调制深度最大可达到 1.1547。相比于传统的 SPWM 来说直流母线电压的利用率更高。

用 u_α 和 u_β 表示参考电压矢量 $\boldsymbol{u}_{out}$ 在 $\alpha\beta$ 轴上的分量，并有如下定义：

$$\begin{cases} u_{ref1} = u_\beta \\ u_{ref2} = \sqrt{3}\,u_\alpha/2 - u_\beta/2 \\ u_{ref3} = -\sqrt{3}\,u_\alpha/2 - u_\beta/2 \end{cases} \qquad (4.9)$$

在定义三个整数变量 A、B、C，规定

$$\begin{cases} \text{如果 } u_{ref1}>0, A=1, \text{否则 } A=0; \\ \text{如果 } u_{ref2}>0, B=1, \text{否则 } B=0; \\ \text{如果 } u_{ref3}>0, C=1, \text{否则 } C=0. \end{cases}$$

令 $N=A+2B+4C$，根据 N 的大小判断参考电压矢量位于哪一个扇区，见表 4-1。

表 4-1　电压矢量对应扇区

N	1	2	3	4	5	6
扇区	II	VI	I	IV	III	V

根据图 4-2 可以得出

$$\begin{cases} u_\alpha = \dfrac{T_4}{T_s}\mid U_4 \mid + \dfrac{T_6}{T_s}\mid U_6 \mid \cos\dfrac{\pi}{3} \\[3mm] u_\beta = \dfrac{T_6}{T_s}\mid U_6 \mid \sin\dfrac{\pi}{3} \end{cases} \tag{4.10}$$

计算得到 T_4 和 T_6

$$\begin{cases} T_4 = \dfrac{\sqrt{3}\,T_s}{2u_{dc}}(\sqrt{3}\,u_\alpha - u_\beta) \\[3mm] T_6 = \dfrac{\sqrt{3}\,T_s}{u_{dc}}u_\beta \end{cases} \tag{4.11}$$

同理，可以得到其他扇区各矢量的作用时间。

令

$$\begin{cases} X = \dfrac{\sqrt{3}\,T_s u_\beta}{u_{dc}} \\[3mm] Y = \dfrac{\sqrt{3}\,T_s}{u_{dc}}\left(\dfrac{\sqrt{3}}{2}u_\alpha + \dfrac{1}{2}u_\beta\right) \\[3mm] Z = \dfrac{\sqrt{3}\,T_s}{u_{dc}}\left(-\dfrac{\sqrt{3}}{2}u_\alpha + \dfrac{1}{2}u_\beta\right) \end{cases} \tag{4.12}$$

则各扇区的作用时间见表 4-2（以第一扇区为例）。

表 4-2　各矢量在各扇区的作用时间

N	1	2	3	4	5	6
T_4	Z	Y	−Z	−X	X	−Y
T_6	Y	−X	X	Z	−Y	−Z
T_0/T_7	$(T_s - T_4 - T_6)/2$					

同样地，以第一扇区为例，定义如下

$$\begin{cases} T_a = (T_s - T_4 - T_6)/4 \\ T_b = T_a + T_4/2 \\ T_c = T_b + T_6/2 \end{cases} \tag{4.13}$$

三相电压开关切换时间点 T_{cm1}、T_{cm2} 和 T_{cm3} 与各扇区的关系见表 4-3。

表 4-3   各扇区开关切换时间点

N	1	2	3	4	5	6
T_{cm1}	T_b	T_a	T_a	T_c	T_c	T_b
T_{cm2}	T_a	T_c	T_b	T_b	T_a	T_c
T_{cm3}	T_c	T_b	T_c	T_a	T_b	T_a

4.2.2   SVPWM 仿真模型

在 MATLAB/Simulink 中自带有 SVPWM 模块，如图 4-4 所示（所在位置：Simscape/Power Systems/Specialized Technology/Control & Measurements/Pulse & Signal Generators）。而从 SVPWM 模块的设置来看，模块主要分为四部分参数设置：Data type of input reference vector（Uref）、Switching pattern、PWM frequency、Sample time。

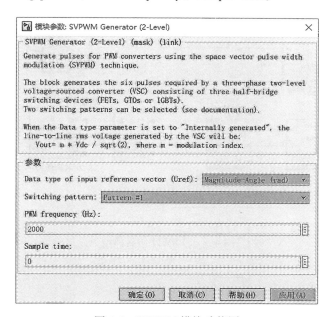

图 4-4   SVPWM 模块功能图

首先是 Data type of input reference vector（输入参考矢量的数据类型），该项功能中有三个选项。分别是 alpha-beta components（静止坐标系下的分量）、Magnitude-Angle（电压的幅值和相角）、Internally generated（内部模式）。

在 alpha-beta components 模式下，输入为静止坐标系下的 α、β 分量，需要注意两点：①在此模块的坐标系是 MATLAB 自带的坐标系，比之前学习的坐标变换所建立的静止坐标系整体滞后 90°，连接时需考虑相位关系；②输入的量是标幺值而非实际值，所以在输入时要将实际值转换成标幺值，再与对应端相连。而在 Magnitude-Angle 模式下，输入为电压的幅值与相角，需要注意输入的幅值同样是标幺值，而相角是弧度单位。Internally generated 中不用外部变量输入，只需要进行调制系数、角度（电角度单位）以及电压频率进行设置即可。

Switching pattern（转换模式）有两种选择 Pattern #1 和 Pattern #2。

● Pattern #1 表示为七段式 SVPWM 算法，它具有的是基于软件合成的 SVPWM 算法，控制开关切换六次，开关损耗较大，但其 PWM 输出对称，有效地降低 PWM 的谐波分量。

● Pattern #2 表示为五段式 SVPWM 算法，它是基于硬件合成的 SVPWM 算法，进一步减少了开关变换次数，为四次，但是也会增大电流的谐波含量。（对比七段式减少了首尾零矢量与邻近矢量的切换）。

PWM frequency 表示 PWM 的开关频率，Sample time 表示采样时间，这两个模拟参数都可根据仿真系统环境进行调整和更改，以便可以更好地得出电机控制策略。也可以自己搭建 SVPWM 生成模块。

如图 4-5 所示，可分为如下六个部分：扇区判断、X/Y/Z 计算、电压作用时间计算、$T_a/T_b/T_c$ 计算、开关切换时间计算和开关信号获取。各部分模型如图 4-6 所示。其中，载波的频率与周期 T_s 一致，一般设置为 $[0, T_s/2, T_s]$。

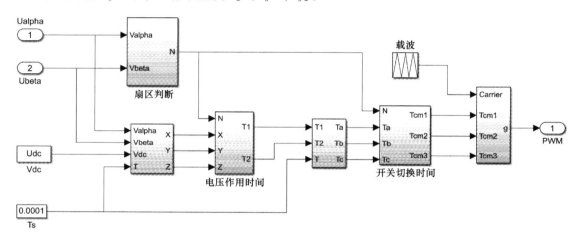

图 4-5　SVPWM 仿真模型

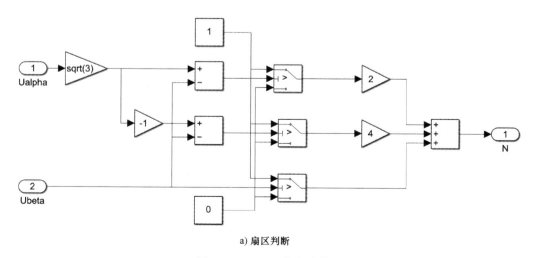

a) 扇区判断

图 4-6　SVPWM 各部分模型

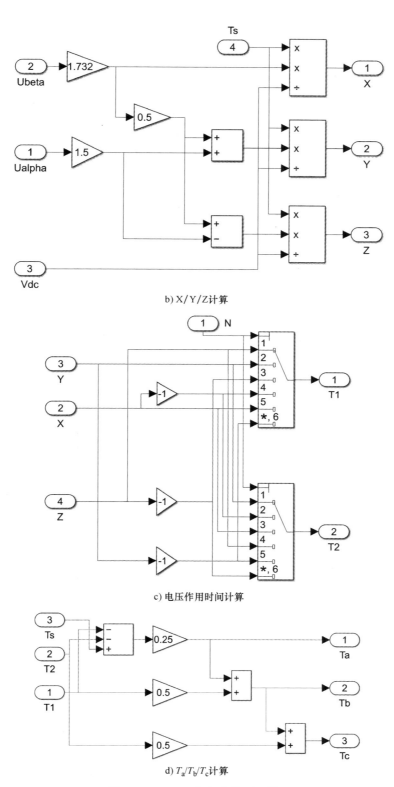

b) X/Y/Z计算

c) 电压作用时间计算

d) $T_a/T_b/T_c$计算

图 4-6　SVPWM 各部分模型（续）

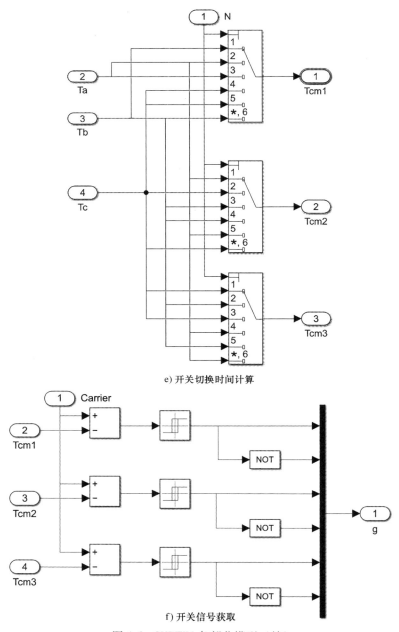

e) 开关切换时间计算

f) 开关信号获取

图 4-6 SVPWM 各部分模型（续）

4.3 PMSM 的数学模型及仿真建模

4.3.1 PMSM 的数学模型

永磁同步电机具有结构简单、运行可靠、体积小、质量轻、损耗小、效率高，以及电机的形状和尺寸可以灵活多样等显著优点。其本身是一种强耦合、复杂的非线性系统，想要系统掌握永磁同步电机的使用，其数学模型的建立则会尤为重要。

永磁同步电机的定子与普通电励磁同步电机的定子一样都是三相对称绕组。因此，按照电机惯例规定各物理量的正方向，对永磁同步电机数学模型做以下假设：

1）忽略电机转子阻尼绕组。

2）忽略电机运行时磁路饱和，认为磁路线性，电感参数不变。

3）忽略电机铁心涡流与磁滞损耗。

4）假设电机三相定子电枢绕组产生的感应电动势为正弦波。

首先在自然坐标系下，对永磁同步电机进行数学建模，根据永磁同步电机定转子结构可得在三相坐标系中电压向量方程如下：

$$\begin{bmatrix} u_{AN} \\ u_{BN} \\ u_{CN} \end{bmatrix} = R \begin{bmatrix} i_A \\ i_B \\ i_C \end{bmatrix} + \frac{d}{dt} \begin{bmatrix} \psi_A \\ \psi_B \\ \psi_C \end{bmatrix} \tag{4.14}$$

式中，u_{AN}，u_{BN}，u_{CN} 分别为定子三相相电压；i_A，i_B，i_C 为定子三相相电流；ψ_A，ψ_B，ψ_C 为定子三相磁链；R 为定子相电阻。

PMSM 的定子磁链表达式为

$$\begin{bmatrix} \psi_A \\ \psi_B \\ \psi_C \end{bmatrix} = L_m \begin{bmatrix} 1 & \cos 2\pi/3 & \cos 4\pi/3 \\ \cos 2\pi/3 & 1 & \cos 2\pi/3 \\ \cos 4\pi/3 & \cos 2\pi/3 & 1 \end{bmatrix} + L_n \begin{bmatrix} 1 & 0 & 0 \\ 0 & 1 & 0 \\ 0 & 0 & 1 \end{bmatrix} \begin{bmatrix} i_A \\ i_B \\ i_C \end{bmatrix} + \psi_f \begin{bmatrix} \sin\theta_e \\ \sin(\theta_e - 2\pi/3) \\ \sin(\theta_e + 2\pi/3) \end{bmatrix} \tag{4.15}$$

式中，ψ_f 为永磁磁链；L_m 为定子互感；L_n 为定子漏感；θ_e 为转子电角度。

根据机电能量转换原理，电磁转矩 T_e 等于磁场储能对机械角 θ_m 位移的偏导，从而可得

$$T_e = \frac{1}{2} p \frac{\partial}{\partial \theta_e} (i_A \psi_A + i_B \psi_B + i_C \psi_C) \tag{4.16}$$

式中，p 为三相永磁同步电机的极对数。

电机的机械运动方程为

$$J \frac{d\omega_m}{dt} = T_e - T_L - B\omega_m \tag{4.17}$$

式中，B 为阻尼系数；T_L 为负载转矩；J 为转动惯量；ω_m 为机械角速度。

PMSM 中常用的转换关系有

$$\begin{cases} \omega_e = p\omega_m \\ \theta_e = \int \omega_e dt + \theta_0 p\omega_m \\ n = 30\omega_m \pi \end{cases} \tag{4.18}$$

式中，n 为电机转速；ω_m 为电角速度；θ_0 为初始电角度。

以上的式子构成了三相永磁同步电机在自然坐标系下的基本数学模型和使用。由此也看出 PMSM 是一个控制较为复杂的多变量系统，所以在控制中常常会引入坐标变换来解决复杂的表达式。

4.3.2 PMSM 的仿真建模

在 Simulink 中，除了使用库中给出的电机模型外，还可以自行搭建更为精准的电机模

型，以 PMSM 电机模型为例，根据 4.3.1 节理论进行仿真模型的搭建。

首先，需要明确电机的输入和输出，本节展示示例中，PMSM 的输入为负载转矩 T_L 和两相静止坐标系下电压 u_α 和 u_β、磁链 ψ_α 和 ψ_β；电机的输出为三相电流 $i_A/i_B/i_C$、转子电角度 θ_e、电机转速 n 和 dq 轴电流 i_d/i_q，如图 4-7 所示。

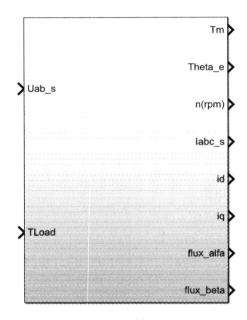

图 4-7　PMSM 输入和输出

电机内部建模如图 4-8 所示，分为六个部分：电压坐标变换、dq 轴模型、电流坐标变换模型、电磁转矩、磁链模型和电机机械运动模型。各部分对应的具体模型如图 4-9 所示。

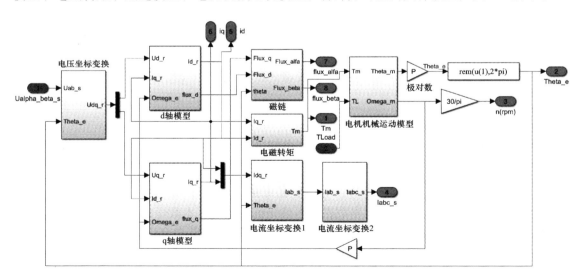

图 4-8　PMSM 内部结构建模

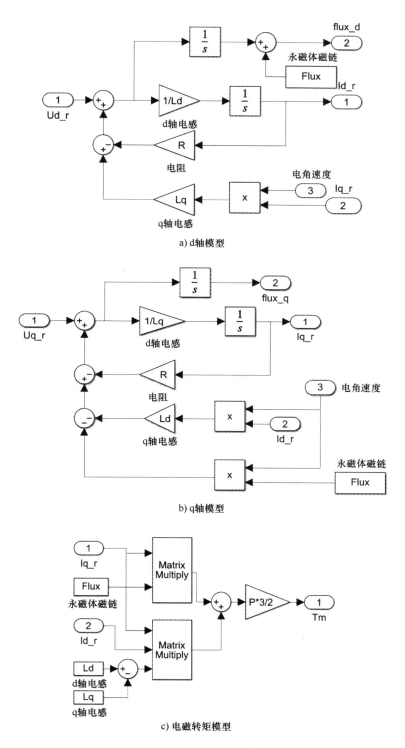

a) d轴模型

b) q轴模型

c) 电磁转矩模型

图 4-9　PMSM 内部建模

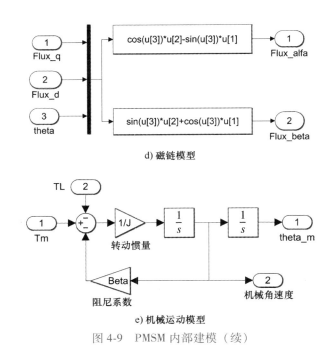

d) 磁链模型

e) 机械运动模型

图 4-9　PMSM 内部建模（续）

4.4　PMSM 磁场定向控制在 Simulink 中仿真建模

永磁同步电机的转子磁场定向控制通过分别控制定子电流的两个分量，即直轴电流 i_d 和交轴电流 i_q，达到控制电磁转矩的目的。因为 d 轴与转子磁场 ψ_f 方向一致，因而叫作磁场定向控制，同时也可以叫作矢量控制（Vector Control，VC）。磁场定向控制（Field Orientation Control，FOC）的核心思想是通过坐标变换将三相系统等效为两相系统，实现了 PMSM 转矩和磁链两变量的解耦控制，使交流电机等效为直流电机进行控制，因而具有与直流电机类似的优越性能。其控制框图如图 4-10 所示。

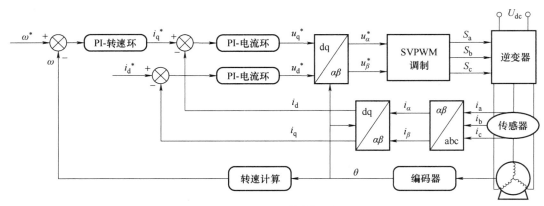

图 4-10　FOC 控制框图

在 Simulink 中搭建仿真模型如图 4-11 所示，其中逆变器采用如图 4-12 所示模型搭建。仿真中所用电机参数见表 4-4。仿真条件设置为：仿真步长 $1e^{-5}s$，解算方法为固定步长，

ode4 算法，仿真时长 0.5s，初始时刻转速给定 200r/min，空载运行，$t = 0.1$s 后转速给定为 1000r/min，空载运行，$t = 0.3$s 后，负载转矩给定 5N·m，电流环参数 $K_p = 30$，$K_i = 7000$，转速环参数 $K_p = 3$，$K_i = 1.3$，仿真结果如图 4-13 所示。

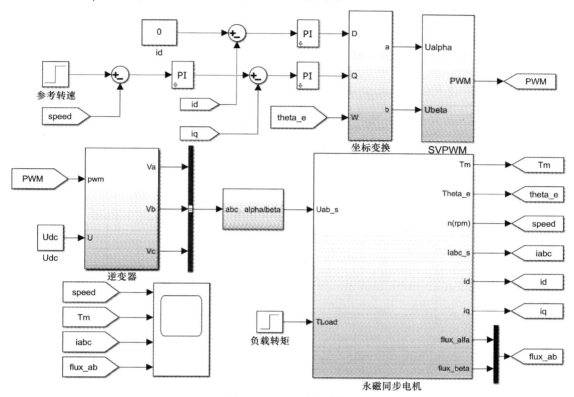

图 4-11　FOC 仿真建模

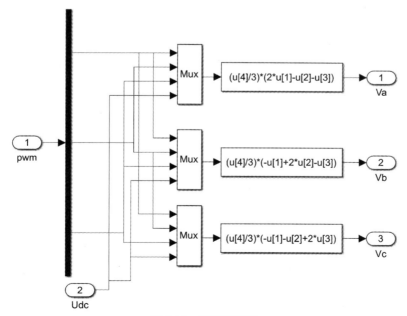

图 4-12　逆变器模型

表 4-4 电机参数

参　数	数　值
额定电压 U_N/V	380
额定电流 I_N/A	19.7
额定转矩 T_N/(N·m)	11.8
额定转速 n_N/(r/min)	3000
电阻 R_s/Ω	0.36
dq 轴电感 L_d，L_q/mH	1.5/1.5
永磁体磁链 ψ_f/Wb	0.117
转动惯量 J/(kg·m²)	0.0012
极对数 n_p	2

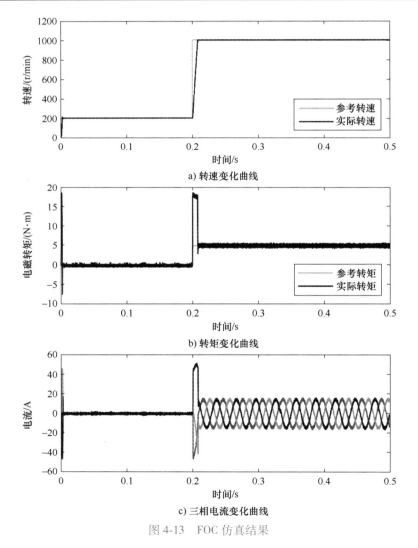

a) 转速变化曲线

b) 转矩变化曲线

c) 三相电流变化曲线

图 4-13 FOC 仿真结果

4.5　PMSM 磁场定向控制在 Simulink 中代码生成

　　永磁同步电机的 Simulink 代码生成整体可分为控制主程序、ADC 模块（电流采样）、电机角度采集及转速计算模块、DAC 模块（获取实验数据）、SVPWM 模块和其他模块等六个部分。其中，FOC 控制主程序包括开环运行试验和闭环运行试验；ADC 模块、DAC 模块和其他模块已在第 3 章做出说明，本章及后续章节不做说明；电机角度采集及转速计算模块会在开环运行实验中加以说明，后续章节不再过多阐述。

4.5.1　SVPWM 模块

　　作为载波的三角波不能进行代码生成这一过程，根据 4.2.2 节 SVPWM 仿真模型，可将仿真模型修改为图 4-14。在三相切换时间 T_{cm1}、T_{cm2} 和 T_{cm3} 之前的模块不用改变，切换时间点之后需要根据 PWM 波设置进行修改，图中（$T_{\mathrm{cm1}}/T_{\mathrm{cm2}}/T_{\mathrm{cm3}}$）×2/$T_{\mathrm{s}}$ 表示 SVPWM 的占空比大小，乘 2 的原因是前面的切换时间点只计算了上升沿，未考虑下降沿。如果开关管是低有效，则按照图中需要加入反向操作——"1-占空比"，否则不用添加反向操作。此处的"7500"需要对应 2.6.1 节中 ePWM 模块 General 中 Timer Period 的 7500，表示寄存器周期值。

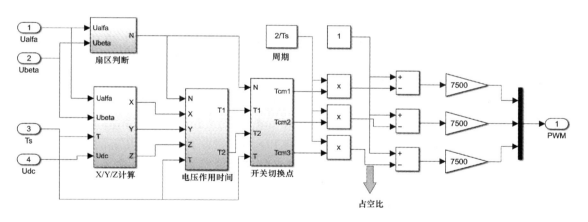

图 4-14　SVPWM 代码生成

　　SVPWM 波生成之后，输入到三路 ePWM 中去即可给开关管输入开关信号，如图 4-15 所示。如果想要改变功率器件的开关频率，那么只需要更改输入到"WB"中的"3750"。例如：当 ePWM 中设置 General 中 Timer Period 的值为 7500，计数模式为增减计数时，寄存器周期为 $100\mu s$，此时功率器件的开关频率可以计算为

$$f = \frac{7500/(3750 \times 2)}{100\mu s} = 10\mathrm{kHz}$$

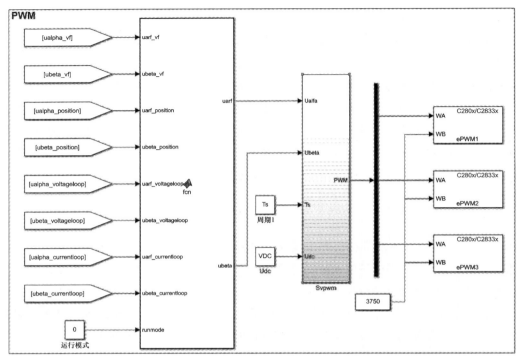

图 4-15 ePWM 模块配置

4.5.2 开环运行实验

为了更好地控制电机运转，在进行磁场定向控制之前，需要进行 V/F 启动（恒压频比启动）、转子位置调零和开环运行三个实验。

1. V/F 启动

V/F 控制是永磁同步电机最简单的一种控制方法，易于实现、价格低廉，它是通过改变频率的同时控制变频器输出电压，使电动机的磁通保持一定。在较广泛的范围内调速运转时，电机的功率因数和效率不下降，即在控制过程中始终保持 V/F 为常数，来保证定子磁链的恒定。

图 4-16 所示为 V/F 启动电机过程，需要输入的参数见表 4-5。F_{set} 是输入频率，可以根据 $n=60f/p$ 计算得出转速大小；U_0 是给定电机初始电压，其值过小可能导致电机无法启动。当电机给定，可调节参数即为输入频率和给定初始电压。其中 V/F 启动曲线如图 4-17 所示。

表 4-5 V/F 输入参数

参　　数	备　　注
输入频率 F_{set}	根据 $n=60f/p$ 可相互转化
周期 T_s	—
阶梯函数台阶高度 K	每周期上升/下降大小
电机给定电压 U_N	—
给定初始电压 U_0	U_0 太小电机可能导致无法启动
电机额定工作频率 F_N	根据 $n=60f/p$ 可计算得出

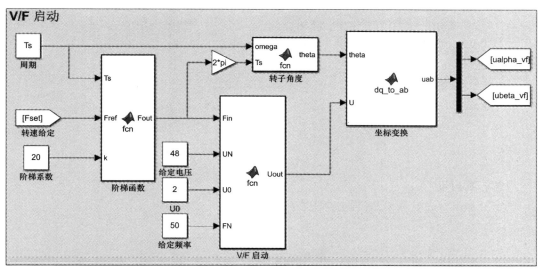

图 4-16　V/F 启动电机过程

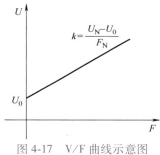

图 4-17　V/F 曲线示意图

本实验各部分函数编写如下：

```
%%阶梯函数
function Fout = fcn(Ts,Fref,k)
  persistent Fcurrent;
  if isempty(Fcurrent)
    Fcurrent = 0;
  end

  if Fref<0
    Fref=0;
  end

  if Fcurrent>Fref                    %slow down
    Fcurrent=Fcurrent-k*Ts;
    Fout=Fcurrent;
  elseif Fcurrent<Fref
```

```matlab
        Fcurrent=Fcurrent+k*Ts;                  %speed up
        Fout=Fcurrent;
      else
        Fcurrent=Fref;
        Fout=Fcurrent;
      end
end
```

%%V/F 启动

```matlab
function Uout = fcn(Fin,UN,U0,FN)
  if Fin<FN
    k=(UN-U0)/FN;
    Uout=U0+k*Fin;
  else
    Uout=UN;
  end
end
```

%%转子角度

```matlab
function theta = fcn(Ts,omega)
  persistent theta0;
  if isempty(theta0)
    theta0 = 0;
  end

  theta=theta0+omega*Ts;
  theta0=theta;
  if theta0>2*pi
    theta0=0;
  end
end
```

%%坐标变换

```matlab
function uab = dq_to_ab(theta,U)
  uab=[0,0];
  Ualpha = U*cos(theta);
  Ubeta = U*sin(theta);
```

```
    uab(1) = Ualpha;
    uab(2) = Ubeta;
 end
```

2. 转子位置调零

磁场定向控制需要明确转子位置，因此实验开始前需要对转子位置进行准确测试。测试结构如图 4-18 所示。给定某一个转子位置角，变换成静止坐标系下电压施加到电机上，使电机转子旋转到给定电机角度位置。

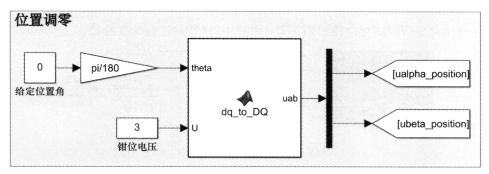

图 4-18　转子位置调零

此部分介绍编码器和旋转变压器两种转子位置信号检测模型。

（1）编码器

在 MATLAB/Simulink 中使用编码器进行电机转子角度测量需要借助 C28x_eQEP 模块，该模块库位置在 Embedded Coder Support Package for Texas Instruments C2000 Processors 中，根据使用的芯片系列，封装在不同的芯片库中。该模块主要设置 General 和 Position counter 这两个选项卡，根据 2.7 节，该模块可设置为图 4-19 所示，其中计数模式、正方向规定、上升沿/下降沿计数等需要根据实际情况灵活调整。

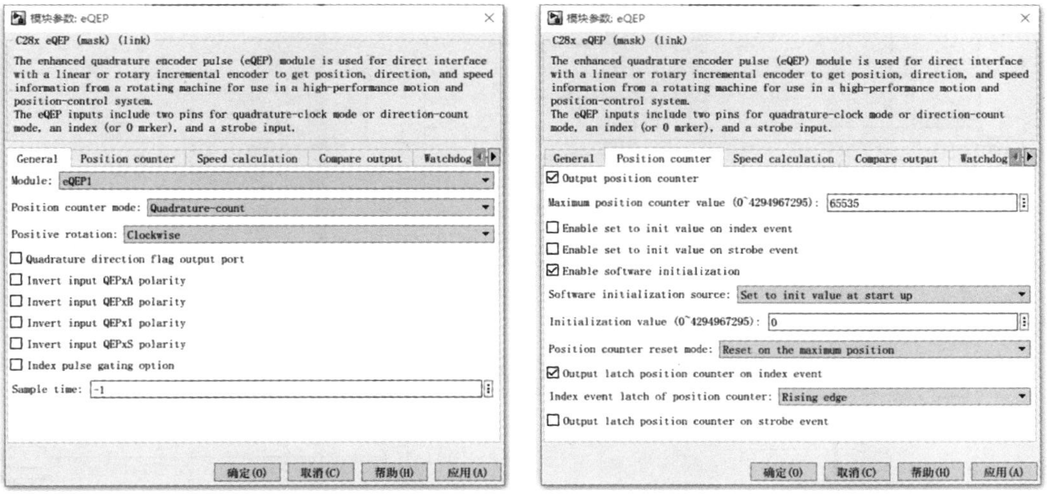

a) General　　　　　　　b) Position counter

图 4-19　C28x_eQEP

　　测量转子位置信号可以借助 Simulink 自带的位置计算模块，如图 4-20 所示，其中的 eQEP_Decoder 是电机转子位置信号计算过程，其内部结构主要分为转子机械位置捕获和转子机械角度转换为电角度两个过程。转子机械位置信号捕获如图 4-21b、c、d 所示，其中图 4-21c 中的 CountsPerRevolution 为

$$CountsPerRevolution = 编码器线数 \times 4$$

注：此处 "4" 表示编码器 A 信号和 B 信号同时在上升沿和下降沿计数。

　　图 4-21b 中的 PositionGain 是为了将编码器计数值转换成实际弧度值，即

$$\frac{2\pi}{编码器线数 \times 4}$$

根据补偿角是否固定可以按照图 4-21e 和图 4-21f 所示进行角度补偿。

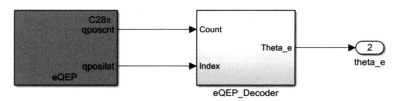

图 4-20　转子位置信号计算

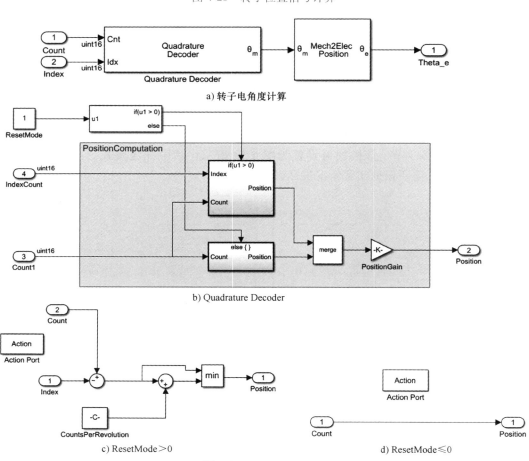

a) 转子电角度计算

b) Quadrature Decoder

c) ResetMode＞0

d) ResetMode≤0

图 4-21　eQEP_Decoder

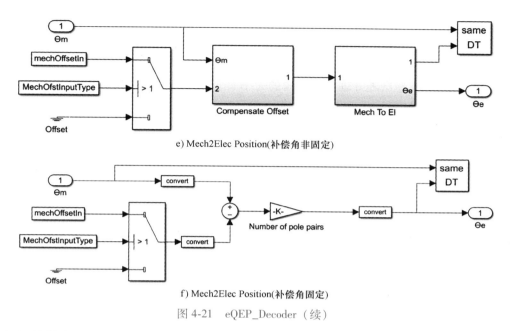

e) Mech2Elec Position(补偿角非固定)

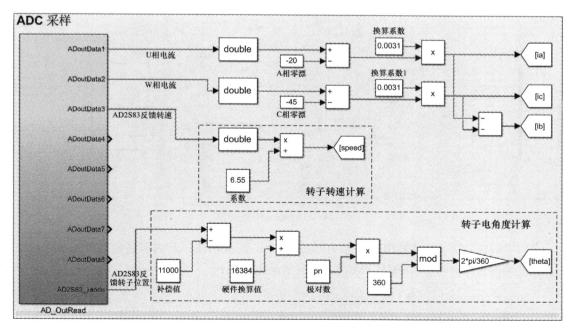

f) Mech2Elec Position(补偿角固定)

图 4-21   eQEP_Decoder （续）

（2）旋转变压器

旋转变压器位置信号检测方式在 ADC 采样模块，如图 4-22 所示。ADC 采样模块在本书 3.7.2 节中已做介绍，此处选择 ADC 采样的第 3 个和第 9 个输出分别作为转速测量通道和转子电角度测量通道。需要说明的是，本实验所用 A/D 采集芯片为 AD2S83 系列，最终的转速和电角度获取需要根据实际电路设计进行计算。如本书中所示，先进行角度补偿，再根据芯片手册进行换算。本书只给出如何使用 A/D 采集模块获取转速信号和角度信号，具体如何计算不再赘述。

图 4-22   旋变获取转子电角度和转速

3. 开环运行

在进行电流闭环实验之前，可以对电机进行电压开环实验，向电机 q 轴注入启动电压，d 轴电压为零，如图 4-23 所示，此时电机的 q 轴产生了一个幅值恒定的电压矢量使电机能够安全运转。电机的转速会随 q 轴给定电压的大小而变化，因为未能形成完整的闭环回路所以称为电压开环运行。

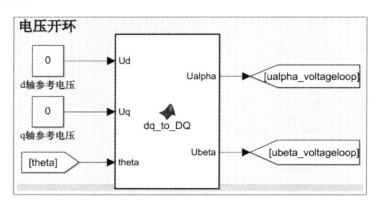

图 4-23　电压开环实验

4.5.3　闭环运行实验

FOC 闭环实验可以分为电流闭环实验和速度闭环实验，从实验调试程序而言，先从电流内环开始实验，而后进行转速外环实验。

1. 电流环

实验采用 $i_d = 0$ 的控制方式，方便读者理解，电流闭环模型搭建如图 4-24 所示。

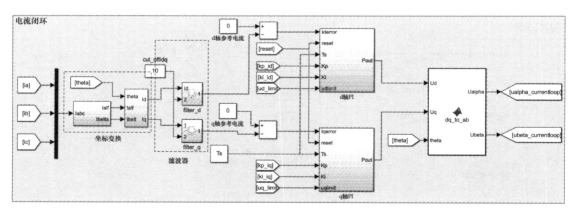

图 4-24　FOC 电流闭环模型

图 4-24 中，数字滤波器模块滤除 10 阶及以上的高次谐波，其内部搭建如图 4-25 所示。滤波器中的 Function 函数代码如下，f 表示截止频率：

```
function yn = fcn(f,x,yn_1)
  Ts=1e-4;
```

```
a=2*pi*f*Ts;
yn=a*x+(1-a)*yn_1;
end
```

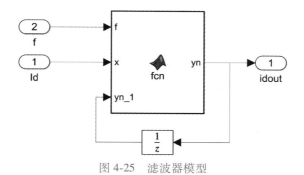

图 4-25 滤波器模型

此外，图 4-24 中使用了两个 PI 参数调节器，该 PI 模块具有抗饱和积分的效果，其内部采用 Function 函数搭建，具体参照图 4-26。需要说明的是，当 reset = 1 时，积分环节失效。

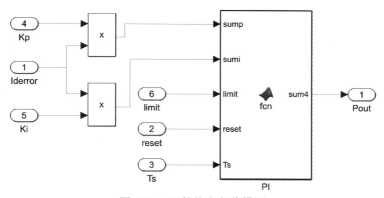

图 4-26 PI 抗饱和积分模型

Function 中代码如下：

```
function sum4   = fcn(sump,sumi,limit,reset,Ts)
  persistent sum2;
    if isempty(sum2)
      sum2 = 0;
    end
  persistent sum3;
    if isempty(sum3)
      sum3 = 0;
    end
  sum1=sump;
  if sum3 > limit
```

```
        if sumi < 0
          sum2 = sum2 + sumi * Ts;
        else
          sum2 = sum2 + 0;
        end
    elseif sum3 <-limit
        if sumi > 0
          sum2 = sum2 + sumi * Ts;
        elseif sumi <0
          sum2 = sum2-sumi * Ts;
        else
          sum2 = sum2 + 0;
        end
    else
        sum2 = sum2 + sumi * Ts;
    end
    if reset == 1
        sum2 = 0;
    end
    sum3 = sum1+sum2;
    sum4 = sum3;
  end
```

当 i_q 实际输出值等于 i_{q_ref}，且电机运行良好时，电流闭环已调试成功。

2. 转速环

在电流环的基础上，加上转速环 PI 调节器可进行电机转速闭环实验，如图 4-27 所示。

图 4-27 中转速环 PI 调节器内部构建与上述电流环 PI 调节器相同，转速 PI 输出为 i_{q_ref}。同时为了防止电机参考转速与实际转速之差过大，引起不必要的超调，实验中设置了阶梯函数，以保障电机安全。阶梯函数如下：

```
function n_out = fcn(Ts,n_ref,k)
  persistent n_current;
  if isempty(n_current)
    n_current = 0;
  end

  if n_ref<0
    n_ref = 0;
  end
```

```
if n_current>n_ref                    %slow down
  n_current = n_current-k * Ts;
  n_out = n_current;
elseif n_current<n_ref
  n_current = n_current+k * Ts;       %speed up
  n_out = n_current;
else
  n_current = n_ref;
  n_out = n_current;
  end
end
```

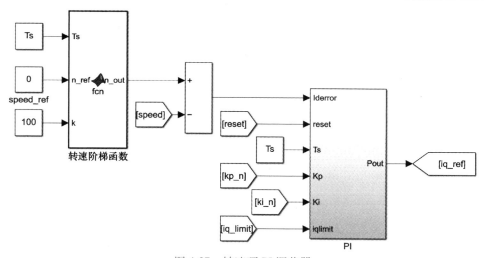

图 4-27　转速环 PI 调节器

进行转速闭环实验需要测试转子旋转速度，本节介绍两种转速测量方法（所用芯片不能直接测量转速），其基本原理相同，即单位时间内转子旋转的角度对时间求导。由于 DSP 采样时间很短，因此可以将时间范围规定在几个或几十个周期。图 4-28a 中的输入信号是本书 4.5.2 节中获取的转子机械位置信号，将其进行放大（例如 65535 倍），滞后 d 个周期得到该时间内转子旋转的角度，经下式即可计算出电机转子旋转速度。

$$\text{Speed} = \frac{60}{dT_s \times 65535} \Delta\theta_m$$

如果使用编码器进行电机速度测量，可以按照图 4-28b 所示，直接使用捕获的 A 信号和 B 信号计数值进行速度计算，其原理与图 4-28a 相同。需要注意的是，RateTransition 模块输出端口的采样时间设置为 0.1，如图 4-29 所示。为了避免溢出，增加防溢出函数：

```
function s = fcn(a)
  if a<-32768
    s=a+65535;
```

```
    elseif a>32768
      s=a-65535;
    else
      s=a;
    end
  end
```

最后根据编码器线数进行转速计算：

$$\text{Speed} = \frac{60}{\text{编码器线数} \times 4} \Delta\theta_m$$

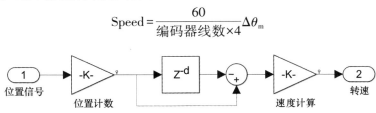

a) 转子转速计算(直接捕获信号)

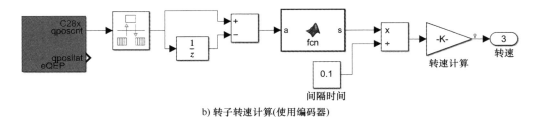

b) 转子转速计算(使用编码器)

图 4-28　电机转速计算

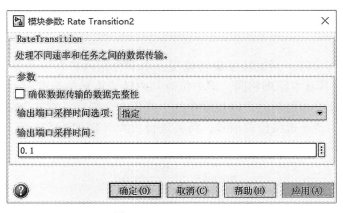

图 4-29　RateTransition

4.5.4　含中断的闭环运行实验

　　添加中断程序的闭环实验，如图 4-30 所示，上述章节所有模型都被封装在中断程序里，速度采集也可以在中断外执行。在 MATLAB/Simulink 中设置中断服务，需要在库文件中查找"C28x Hardware Interrupt"模块，该模块已在 2.2 节阐述，详细配置如图 4-31a 所示。需要注意的是添加中断程序后，需要在封装模块内部添加"Trigger"模块，具体设置如图 4-31b 所示。
此外，当中断内部使用"Data Store Write"模块时，需要在中断外部事先声明该变量名称，
使用"Data Store Memory"模块，否则代码生成时会报错。

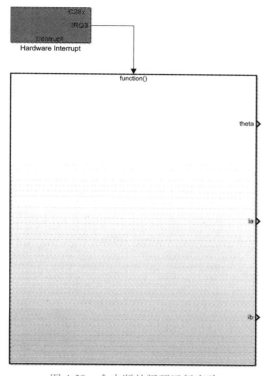

图 4-30　含中断的闭环运行实验

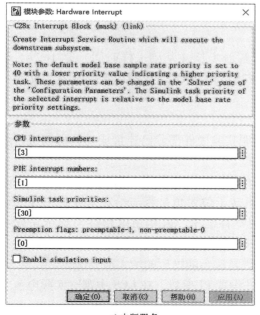

a) 中断服务　　　　　　　　　　　　　　b) 触发设置

图 4-31　中断配置

4.5.5　实验结果

实验采用 4.5.4 节所述添加中断后的闭环运行控制方式，在 Simulink 中搭建整体实验模型如图 4-32 所示。其中包括：V/F 启动环节、转子位置调零、电压开环控制、电流闭环控制以及转速闭环控制，同时还有 PWM 发生器，ADC 采集信号，转子位置采集和 DAC 输出信号。

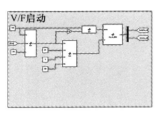
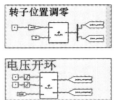
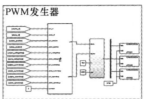
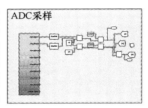
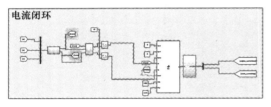
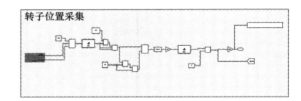
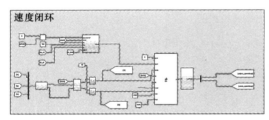
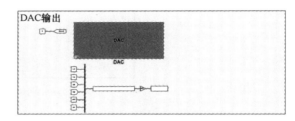

图 4-32　整体实验模型

Simulink 解算器选择定步长、离散模式，求解器步长（基础采样时间）是 $1e^{-4}$ s。还需要关注的是"硬件实现"设置，硬件芯片选择 F28335，那么之后的设置都是基于此芯片来配置，其余配置见附录 B。

实验步骤如下：

1）使用 V/F 启动模式使电机运转起来，表明实验硬件部分已连接成功，可以进行后续实验。

2）进行转子位置校准调零，输入想要的转子位置角度，可以在 Code Composer Studio（CCS）中对应的变量名称下查看实际电机转子位置角是否与给定角度相一致（此方法具有一定的角度误差）。若相差较大，需要调整补偿角；若是角度始终与给定角度相差 360° 左右，则应考虑电机三相线连接是否正确，可以调整一下线序。

3）进行电压开环实验，给定 q 轴电压，电机转速会随电压的增大而升高。

4）进行电流闭环实验，给定参考电流 i_q，并设置 PI 参数，在 CCS 中观察实际电流与参考电流的大小。

5）进行转速闭环实验，步骤 4）已然调试成功下，步骤 5）只需要在电流环外添加一个转速闭环即可，给定参考转速并调整 PI 参数。

电机成功运行后的实验波形展示如图 4-33 和图 4-34 所示。电机运行在 2500r/min，运行一段时间后突加 5N·m 的负载转矩，电机的转矩和转速波形如图 4-33 所示，加载后的稳态电流波形如图 4-34 所示。

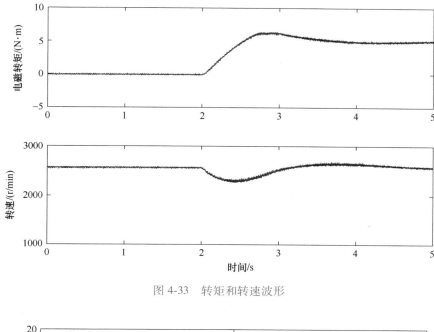

图 4-33　转矩和转速波形

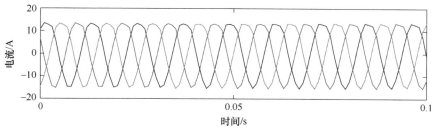

图 4-34　稳态电流波形

第5章 永磁同步电机的直接转矩控制技术

直接转矩控制（Direct Torque Control，DTC）系统，它是在矢量控制系统之后发展出来的另一种高动态性能的交流电机变压变频调速系统。其基本思想是根据定子磁链幅值的偏差 $\Delta\psi_s$ 的正负符号和电磁转矩偏差 ΔT_e 的正负符号，以及当前定子磁链矢量 ψ_s 所在的位置，直接选取合适的电压空间矢量，实现电磁转矩与定子磁链的控制，因为采用了滞环控制，所以又叫 Bang-Bang 控制。

直接转矩控制系统有诸多优点：

1）控制结构简单：DTC 仅需要两个滞环控制器和一个转速环 PI 调节器。

2）控制器的计算均在定子上的静止坐标系中进行，简化了运算处理过程，避免了磁链定向控制受转子参数的影响，提高了控制指令周期。

3）两个滞环控制器直接控制定子磁链和转矩，提升了转矩控制的快速性和准确性。

但是，直接转矩控制系统也有缺点：如电机在低速运行时，控制性能差、转矩脉动大、伴随有较大的噪音产生，并且传统的直接转矩控制直接对电力电子器件的导通和关断进行控制，因而电力电子器件并非按照规律进行开通和关断，开关频率非恒定。

目前，直接转矩控制技术因具有良好的动态响应能力被 ABB 公司应用于商业领域，如空气压缩机、搅拌机、传送带等要求启动转矩大、转矩响应快的场合。近年来，随着电动汽车的兴起，直接转矩控制算法在该领域也被重视。

5.1 PMSM 直接转矩控制原理

为方便起见，分析永磁同步电动机时，做如下假设：

1）绕组电流为对称的三相正弦波电流。

2）定子磁场呈正弦分布，不考虑谐波与饱和的影响。

3）忽略电动机的涡流和磁滞损耗。

在上述假设的基础上，建立永磁同步电机在不同坐标系下的数学模型时，各坐标系的相互关系如图 5-1 所示，三相静止坐标系 abc 的 a 轴与两相静止坐标系中的 α 轴重合；两相旋转坐标系以转子角速度 ω_r 在旋转，d 轴指向转子磁链 ψ_f 的方向，xy 坐标系以定子磁链角速度 ω_e 旋转，x 轴指向定子磁链 ψ_s 的方向。

假设 xy 磁场旋转坐标系属于解耦的 dq 旋转坐标系，xy 坐标系与 dq 坐标系之间的变换公式为

$$\begin{bmatrix} i_d \\ i_q \end{bmatrix} = \begin{bmatrix} \cos\delta & -\sin\delta \\ \sin\delta & \cos\delta \end{bmatrix} \begin{bmatrix} i_x \\ i_y \end{bmatrix} \tag{5.1}$$

式中，δ 为 x 轴与 d 轴之间的夹角，该变换矩阵也适用于电压、磁链矢量。

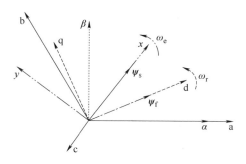

图 5-1　永磁同步电机中各坐标系之间的关系

在 xy 坐标系下的磁链计算式为

$$\begin{bmatrix} \psi_x \\ \psi_y \end{bmatrix} = \begin{bmatrix} L_d\cos^2\delta + L_q\sin^2\delta & -L_d\sin\delta\cos\delta + L_q\sin\delta\cos\delta \\ -L_d\sin\delta\cos\delta + L_q\sin\delta\cos\delta & L_d\sin^2\delta + L_q\cos^2\delta \end{bmatrix} \begin{bmatrix} i_x \\ i_y \end{bmatrix} + \psi_f\begin{bmatrix} \cos\delta \\ -\sin\delta \end{bmatrix} \quad (5.2)$$

由于 $\psi_y = 0$，所以由式（5.2）可得

$$i_x = \frac{2\psi_x\sin\delta - \left[(L_d+L_q)+(L_d-L_q)\cos2\delta\right]i_y}{(L_d-L_q)\sin^2\delta} \quad (5.3)$$

又 $\psi_x = \psi_s$，所以根据式（5.3）可得

$$i_y = \frac{1}{2L_dL_q}\left[2\psi_fL_q\sin\delta - |\psi_s|(L_q-L_d)\sin2\delta\right] \quad (5.4)$$

在 dq 坐标系下，定子磁链方程可以表示为

$$\begin{bmatrix} \psi_d \\ \psi_q \end{bmatrix} = \begin{bmatrix} L_d & 0 \\ 0 & L_q \end{bmatrix}\begin{bmatrix} i_d \\ i_q \end{bmatrix} + \psi_f\begin{bmatrix} 1 \\ 0 \end{bmatrix} \quad (5.5)$$

电机的转矩方程为

$$T_e = \frac{3}{2}n_p(\psi_d i_q - \psi_q i_d) \quad (5.6)$$

将电流 i_d、i_q 变换到电流 i_x、i_y，结合式（5.6）和式（5.5），可得 xy 坐标系中的电磁转矩表达式为

$$T_e = \frac{3n_p|\psi_s|}{4L_qL_d}\left[2\psi_fL_q\sin\delta - |\psi_s|(L_q-L_d)\sin(2\delta)\right] \quad (5.7)$$

对于隐极式永磁同步电动机来讲，$L_d = L_q = L_s$，所以转矩表达式又可写成

$$T_e = 2\frac{3n_p}{4L_s}|\psi_s|\psi_f\sin\delta = \frac{3n_p}{2L_s}|\psi_s|\psi_f\sin(\omega_{sr}+\delta_0) \quad (5.8)$$

式中，ω_{sr} 为定子磁链相对于转子磁链旋转角速度；δ_0 为转矩角变化前一时刻的初值。

根据式（5.8），当定子磁链保持幅值恒定、转矩角从 −90° 变化到 90° 时，电机转矩随着转矩角增大而增大，且转矩角为 90° 时，转矩达到最大。对电机电磁转矩进行控制可以通过调节转矩角 δ 来实现，然而 δ 角无法直接调节，可以通过改变定子磁链的旋转方向来间接调节。这是因为定子电磁时间常数比转子的机械时间常数小，所以当迅速改变定子磁链旋转方向时，转子转速的变化滞后于定子磁链的旋转速度，进而达到改变 δ 角的目的。要使定子磁链迅速改变方向,可根据需要选择基本电压矢量中的一个施加给逆变器驱动电动机,进而实现对 δ 角的控制。

综上所述,永磁同步电机直接转矩控制的基本思想是根据定子磁链幅值的偏差 $\Delta\psi_s$ 的正负符号和电磁转矩偏差 ΔT_e 的正负符号,再根据当前定子磁链矢量 ψ_s 所在的位置,直接选取合适的电压空间矢量,减少电机定子磁链幅值的偏差和电磁转矩的偏差,实现电磁转矩与定子磁链控制。

永磁同步电机直接转矩控制系统的结构框图如图 5-2 所示。控制系统将永磁同步电机给定转速和实际转速的误差经 PI 调节器输出给定转矩信号;磁链和电磁转矩的给定值,通过直流电压和逆变器的开关信号以及逆变器电流,然后根据电机在 αβ 坐标系中的数学模型计算而得;通过计算出的磁链分量,可以判断出定子磁链所在的区段。将定子磁链的给定值和估算值进行比较并经过磁链滞环比较器的值,电磁转矩给定值和估算值进行比较并经过转矩滞环比较器后,将定子磁链矢量所在的区段号输入电压矢量查询表,通过事先设定好的电压矢量查询表,确定出适当的开关状态,控制逆变器进而驱动永磁同步电机。

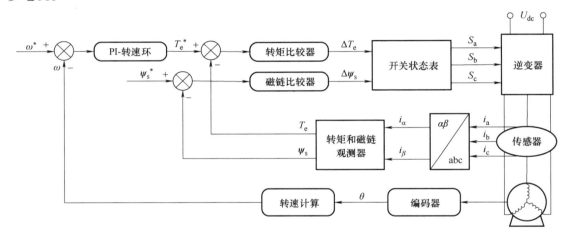

图 5-2　永磁同步电机直接转矩控制系统框图

5.1.1　PMSM 定子磁链的估算和滞环控制

1. 定子磁链位置角的检测

根据电压模型法计算求得的 ψ_s 的幅值,求出两相坐标系中 αβ 的分量 $\psi_{s\alpha}$、$\psi_{s\beta}$,利用反正切函数求取磁链角度,取值范围 $(-\pi/2, \pi/2)$,直接取正切,只能得到 $\psi_\alpha \geqslant 0$ 的部分,因此,当 $\psi_\alpha < 0$ 时,需要给结果加上 π。那么 ψ_s 的位置角可以按照下式求取

$$\theta = \begin{cases} \arctan\left(\dfrac{\psi_{s\beta}}{\psi_{s\alpha}}\right), \psi_\alpha \geqslant 0 \\ \arctan\left(\dfrac{\psi_{s\beta}}{\psi_{s\alpha}}\right) + \pi, \psi_\alpha < 0 \end{cases} \tag{5.9}$$

根据 θ 的值,可以判断某一时刻定子磁链矢量所在的区域 $\theta_n (n=1、2、3、4、5、6)$,见表 5-1。

表 5-1　定子磁链所在扇区

角　度	扇　区
$[-\pi/6,\pi/6)$	θ_1
$[\pi/6,\pi/2)$	θ_2
$[\pi/2,5\pi/6)$	θ_3
$[5\pi/6,7\pi/6)$	θ_4
$[7\pi/6,3\pi/2)$	θ_5
$[-\pi/2,-\pi/6)$	θ_6

2. 定子磁链的滞环控制

图 5-3 中总共给出了 3 个圆，图中的虚线圆表示 $\boldsymbol{\psi}_s$ 给定值 $|\boldsymbol{\psi}_s^*|$；两个实线圆之间的折线表示定子磁链幅值的实际值，用 $|\boldsymbol{\psi}_s^*|$ 表示；两个实线圆的半径之差 $2\Delta|\boldsymbol{\psi}_s|$，即允许的误差范围，来达到高性能的控制要求。在运行中，要求定子磁链 $\Delta|\boldsymbol{\psi}_s|$ 能满足如下关系：

$$|\boldsymbol{\psi}_s^*|-\Delta|\boldsymbol{\psi}_s| \leqslant |\boldsymbol{\psi}_s| \leqslant |\boldsymbol{\psi}_s^*|+\Delta|\boldsymbol{\psi}_s|$$

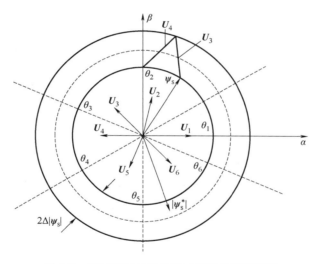

图 5-3　电压空间矢量对定子磁链的滞环控制

按照要求，选取恰当的基本电压矢量，控制定子磁链幅值在一定的容差范围内波动。这样，在容差范围内定子磁链幅值形成的轨迹就是磁链圆轨迹。

$|\boldsymbol{\psi}_s|$ 的滞环控制过程中，对 $|\boldsymbol{\psi}_s|$ 与 $|\boldsymbol{\psi}_s^*|$ 进行比较做差。当 $|\boldsymbol{\psi}_s|-|\boldsymbol{\psi}_s^*| \geqslant \Delta|\boldsymbol{\psi}_s|$，即实际值比给定值大，此时滞环控制器输出 $\varphi=0$，表示要求减小定子磁链的幅值；当 $|\boldsymbol{\psi}_s^*|-|\boldsymbol{\psi}_s| \geqslant \Delta|\boldsymbol{\psi}_s|$，即实际值比给定值小，此时滞环控制器输出 $\varphi=1$，表示要求增大定子磁链的幅值。

5.1.2　PMSM 电磁转矩的估算与滞环控制

在永磁同步电机直接转矩控制过程中，需要采用间接法求取电磁转矩。可以采用公式计算法求得电磁转矩的回馈值即估算值，然后把电磁转矩的估算值与给定值送入转矩滞环比较器进行滞环比较，控制电磁转矩在允许的误差范围内波动，实现对电磁转矩的调节。

此方法要系统中电磁转矩滞环控制器的滞环宽度设定成 $2\Delta\,|\,T_e\,|$，即误差允许的范围。把电磁转矩给定值 T_e^* 与估算值 T_e 进行比较做差。当 $T_e - T_e^* \geq \Delta\,|\,T_e\,|$ 时，滞环控制器的输出为 $\tau=-1$，即估算值比给定值大，表示要求减小电磁转矩；当 $T_e^* - T_e \geq \Delta\,|\,T_e\,|$ 时，滞环控制器的输出为 $\tau=1$，即估算值比给定值小，表示要求增大电磁转矩；当滞环控制器输出 $\tau=0$ 时，表示电磁转矩的估算值与给定值的偏差在系统允许的范围内，不需要对电磁转矩进行增大或减小的控制。

5.1.3　开关表的选择

根据定子磁链和转矩的偏差情况来综合选取不同区段电压矢量的选择。采用式（5.10）和式（5.11）来决定变量 ϕ 和 τ 取值。

$$\phi(k)=\begin{cases} 1 & \phi_s^* - \phi_s > \Delta\phi \\ \phi(k-1) & |\,\phi_s^* - \phi_s\,| \leq \Delta\phi \\ -1 & \phi_s^* - \phi_s < -\Delta\phi \end{cases} \tag{5.10}$$

$$\tau(k)=\begin{cases} 1 & T_e^* - T_e > \Delta T \\ \tau(k-1) & |\,T_e^* - T_e\,| \leq \Delta T \\ -1 & T_e^* - T_e < -\Delta T \end{cases} \tag{5.11}$$

式中，$\tau(k)$ 和 $\phi(k)$ 表示当前时刻应该选择的转矩和磁链的控制状态；$\tau(k-1)$ 和 $\phi(k-1)$ 表示前一个控制周期转矩和磁链的控制状态；$\Delta\phi$ 和 ΔT 分别为定子磁链和转矩给定值与估算值之间的偏差。

在永磁同步电机直接转矩控制系统中，当定子磁链矢量处于不同的区域时，可以根据定子磁链和电磁转矩的误差状态来选择不同的电压空间矢量对逆变器进行控制。具体实现方法是：设定开关表输入信号有定子磁链的偏差、电磁转矩的偏差和定子磁链的区段号；设定开关表的输出信号为基本电压空间矢量。当开关表接收到输入信号时，综合三个输入信号的值，选择对应的电压空间矢量，从而实现对逆变器的控制。表 5-2 给出了电压空间矢量对应的逆变器开关表。

表 5-2　电压空间矢量对应的逆变器开关表

ϕ	τ	θ_1	θ_2	θ_3	θ_4	θ_5	θ_6
1	1	$U_2(110)$	$U_3(010)$	$U_4(011)$	$U_5(001)$	$U_6(101)$	$U_1(100)$
	-1	$U_6(101)$	$U_1(100)$	$U_2(110)$	$U_3(010)$	$U_4(011)$	$U_5(001)$
0	1	$U_3(010)$	$U_4(011)$	$U_5(001)$	$U_6(101)$	$U_1(100)$	$U_2(110)$
	-1	$U_1(100)$	$U_2(110)$	$U_3(010)$	$U_4(011)$	$U_5(001)$	$U_6(101)$

5.2　PMSM 直接转矩控制在 Simulink 中仿真建模

直接转矩控制仿真模型由滞环比较器和开关表、转矩和磁链观测器、永磁同步电机以及逆变器构成，如图 5-4 所示。其中滞环比较器和开关表、转矩和磁链观测器是 DTC 的关键部

分，具体模型搭建如图 5-5 所示。图 5-5c 中二维查找表设置为

$$\begin{bmatrix} 1 & 5 & 4 & 6 & 2 & 3 \\ 2 & 3 & 1 & 5 & 4 & 6 \\ 5 & 4 & 6 & 2 & 3 & 1 \\ 6 & 2 & 3 & 1 & 5 & 4 \end{bmatrix}$$

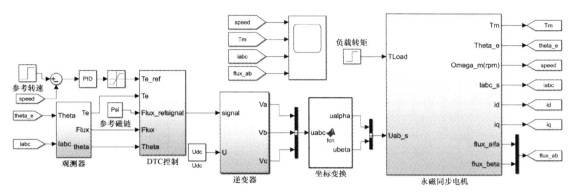

图 5-4　DTC 仿真模型

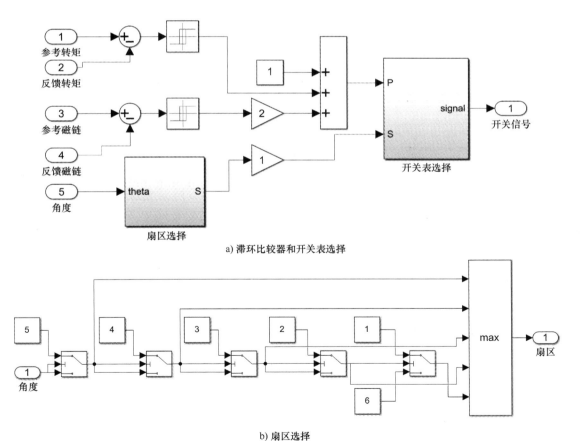

a) 滞环比较器和开关表选择

b) 扇区选择

图 5-5　DTC 主要部分仿真模型

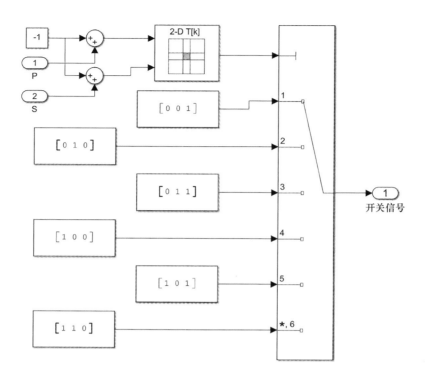

c) 开关表信号

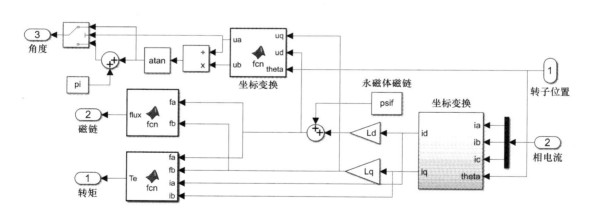

d) 转矩和磁链观测器

图 5-5 DTC 主要部分仿真模型（续）

仿真模型中所用电机参数参照本书 4.4 节表 4-4 内容。仿真条件设置为：仿真步长 $1e^{-5}$s，解算方法为固定步长，ode4 算法，仿真时长 0.5s，初始时刻转速给定 200r/min，空载运行，$t=0.1$s 后转速给定为 1000r/min，空载运行，$t=0.3$s 后，负载转矩给定 5N·m，转速环参数 $K_p=3$，$K_i=1.3$，仿真结果如图 5-6 所示。

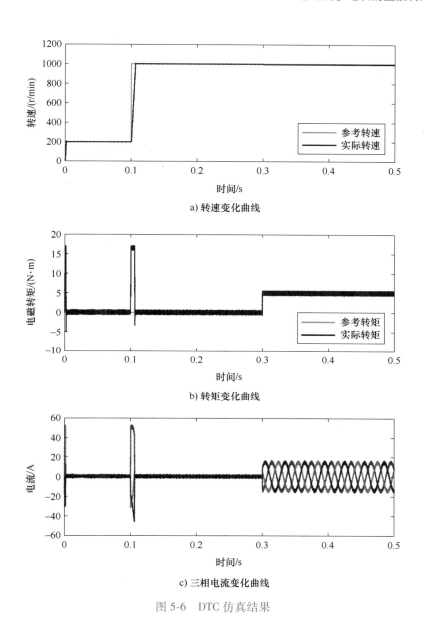

图 5-6　DTC 仿真结果

5.3　PMSM 直接转矩控制在 Simulink 中代码生成

　　永磁同步电机的直接转矩控制在 Simulink 中代码生成整体结构和磁场定向控制技术大体相同，不同之处在于两者的控制原理即主程序不一样，因此当采用直接转矩控制方法转动电机时，只需要将控制原理部分替换即可，如图 5-7 所示。转速闭环可以在图的基础上添加转速 PI 调节器，具体参考 4.5.3 节对转速闭环实验的介绍。因为直接转矩控制的开关频率不恒定，因此该模型可以设置两种模式：一种是含有 PWM 调制模块，该模式解决了开关频率不恒定的问题；另一种直接分配开关信号给功率管，按照控制原理执行即可，但是在硬件电路设计时需要考虑死区电路，否则可能会烧坏功率器件。下面将详细说明两种模式的配置方式。

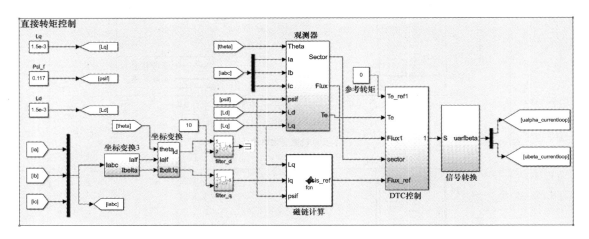

图 5-7　直接转矩控制

5.3.1　含 PWM 调制模块

因为直接转矩控制输出的是开关信号，要想该模型带有 PWM 调制模块，模型中需要加入"开关信号转 $\alpha\beta$ 轴电压信号"这一环节，如图 5-8 所示。同磁场定向控制相比较，该模型仅有控制主程序和信号转换这两个部分不同，模型中的其他部分完全一样。

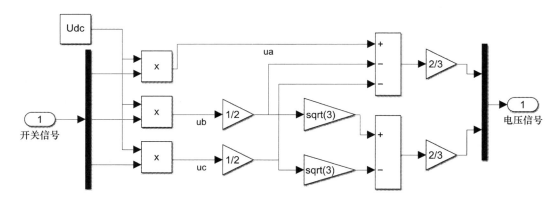

图 5-8　开关信号转 $\alpha\beta$ 轴电压信号

5.3.2　直接分配开关信号

将直接转矩控制输出的开关信号直接提供给功率器件，可以不需要 PWM 调制模块，但是在进行硬件电路设计时，需要包含死区电路，防止功率管上下直通而毁坏。没有 PWM 调制模块的直接转矩控制如图 5-9 所示。

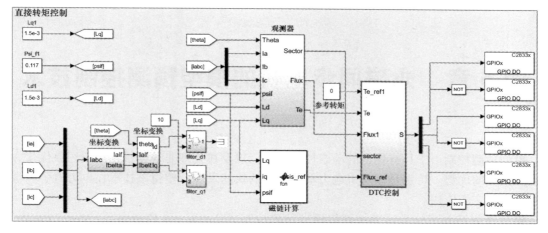

图 5-9　无 PWM 调制的直接转矩控制

5.3.3　实验结果

本章 Simulink 实验模型同 4.5.5 节相似，其中主要不同之处在于核心控制算法即电流闭环和转速闭环控制不再采用 FOC 算法，而是 DTC 算法，其余模块不变。实验步骤与 4.5.5 节完全相同。电机运行在 2500r/min，运行一段时间后突加 5N·m 的负载转矩，电机的转矩和转速波形如图 5-10 所示，加载后的稳态电流波形如图 5-11 所示。

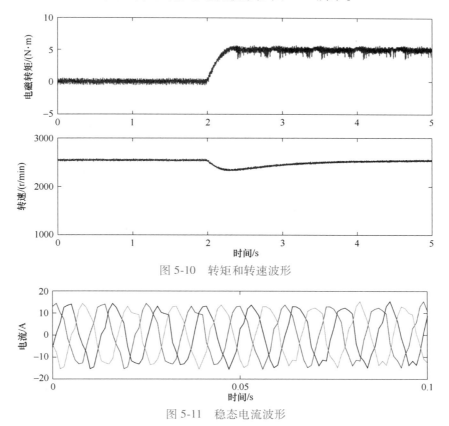

图 5-10　转矩和转速波形

图 5-11　稳态电流波形

第 6 章　永磁同步电机的模型预测控制技术

模型预测控制由于具有优良的动态控制性能，以及在处理非线性系统复杂约束优化方面表现出极大的优势。特别是近年来电力电子器件的快速发展，使得该技术在电力电子和电机驱动领域被广泛应用。

模型预测控制可分为连续控制集模型预测控制（Continuous Control Set Model Predictive Control，CCS-MPC）和有限控制集模型预测控制（Finite Control Set Model Predictive Control，FCS-MPC）两类。其中，CCS-MPC 在预测过程中，无需考虑被控对象的数学模型，但寻优过程计算量过大、求解困难，因此不易于在实际 PMSM 驱动系统中应用。而 FCS-MPC 通过 PMSM 的离散数学模型，利用逆变器的离散开关特性对下一时刻电机的运行状态进行预测，并通过最小化代价函数得到最接近控制目标的开关状态，该过程可显著减小预测过程中的计算量问题，同时直接以逆变器开关信号作为控制动作，因此无需调制技术的辅助。

根据控制量的不同，FCS-MPC 可分为模型预测电流控制（Model Predictive Current Control，MPCC）和模型预测转矩控制（Model Predictive Torque Control，MPTC）。MPCC 不需要对转矩和磁链进行估算和预测，可以通过提高采样频率或者增加预测步长提高系统性能，并且按照控制周期内所选择的有效基本电压矢量个数，基于有限控制集的电机电流控制技术又可分为单矢量 FCS-MPC、双矢量 FCS-MPC、三矢量 FCS-MPC 和虚拟矢量 FCS-MPC 的电机电流控制技术；而 MPTC 除了需要对转矩和磁链进行估测，还需要平衡转矩和磁链之间的控制性能，在价值函数中设置合适的权重系数，使 MPTC 灵活性受到影响。为此可以通过调整权重系数以达到各种指标，如低速区的最大转矩控制和高速区的弱磁控制等。虽然 MPCC 和 MPTC 有诸多不同，但是由于电压矢量优化过程的相似性，且两者均采用非线性预测控制器代替了传统控制策略中电流内环的 PI 调节器，控制方法具有较大程度的通用性。下文将具体说明 MPCC 和 MPTC 的原理及实现方法。

6.1　PMSM 模型预测电流控制

传统矢量控制一般是对解耦后的励磁电流和转矩电流采取 PI 控制，而 MPCC 延续了矢量控制中 dq 变换这一核心思想。在所有的模型预测控制（Model Predictive Control，MPC）中，只有 MPCC 是基于转子磁链定向来实现的，因此 MPCC 也被称为预测场定向控制。

永磁同步电机 MPCC 的控制框图如图 6-1 所示。采用的是 $i_d = 0$ 控制方式，电流参考值 i_q^* 由转速 PI 调节器产生，$S(A,B,C)$ 产生的开关信号直接作用于逆变器。

根据经典 PMSM 数学模型，在 dq 坐标系下 PMSM 的电压方程为

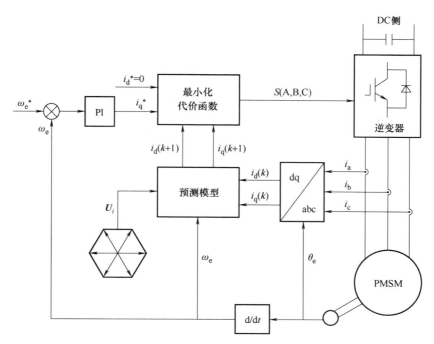

图 6-1　永磁同步电机的 MPCC 控制框图

$$\begin{cases} u_{\mathrm{d}} = R_{\mathrm{s}}i_{\mathrm{d}} + L_{\mathrm{s}}\dfrac{\mathrm{d}i_{\mathrm{d}}}{\mathrm{d}t} - \omega_{\mathrm{e}}L_{\mathrm{s}}i_{\mathrm{q}} \\[3mm] u_{\mathrm{q}} = R_{\mathrm{s}}i_{\mathrm{q}} + L_{\mathrm{s}}\dfrac{\mathrm{d}i_{\mathrm{q}}}{\mathrm{d}t} + \omega_{\mathrm{e}}L_{\mathrm{s}}i_{\mathrm{d}} + \omega_{\mathrm{e}}\psi_{\mathrm{f}} \end{cases} \tag{6.1}$$

采用一阶欧拉离散法将式（6.1）离散化，可得 $k+1$ 时刻的电流预测值为

$$\begin{cases} i_{\mathrm{d}}(k+1) = \left(1 - \dfrac{T_{\mathrm{s}}R_{\mathrm{s}}}{L_{\mathrm{s}}}\right)i_{\mathrm{d}}(k) + \dfrac{T_{\mathrm{s}}}{L_{\mathrm{s}}}u_{\mathrm{d}}(k) + T_{\mathrm{s}}\omega_{\mathrm{e}}i_{\mathrm{q}}(k) \\[3mm] i_{\mathrm{q}}(k+1) = \left(1 - \dfrac{T_{\mathrm{s}}R_{\mathrm{s}}}{L_{\mathrm{s}}}\right)i_{\mathrm{q}}(k) + \dfrac{T_{\mathrm{s}}}{L_{\mathrm{s}}}u_{\mathrm{q}}(k) - T_{\mathrm{s}}\omega_{\mathrm{e}}i_{\mathrm{d}}(k) - \dfrac{T_{\mathrm{s}}\omega_{\mathrm{e}}\psi_{\mathrm{f}}}{L_{\mathrm{s}}} \end{cases} \tag{6.2}$$

式中，T_{s} 是控制周期。

价值函数的选择直接决定了开关状态的选择和控制算法的性能。MPCC 通常采用价值函数如下：

$$g = \left| i_{\mathrm{d}}^{*}(k) - i_{\mathrm{d}}(k+1) \right| + \left| i_{\mathrm{q}}^{*}(k) - i_{\mathrm{q}}(k+1) \right| \tag{6.3}$$

6.2　PMSM 模型预测转矩和磁链控制

MPTC 是在 MPCC 之后发展起来的一种 FCS-MPC，原理与直接转矩控制原理相似。与直接转矩控制相比，MPTC 策略能够对电机的未来性能变化进行预测，进一步提升电机系统的可靠性和容错性。

MPTC 系统框图如图 6-2 所示。转矩参考值 T_{e}^{*} 由转速 PI 调节器产生，转子磁链 ψ_{e}^{*} 幅

值的参考值通常为常量。

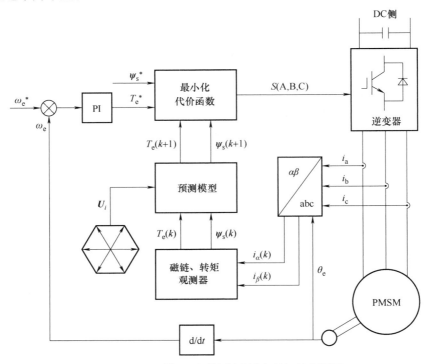

图 6-2　PMSM 模型预测控制磁链和转矩控制框图

由图 6-2 可以看出，MPTC 策略主要由预测模型、磁链、转矩观测器和代价函数组成。其中，有限控制集是包含所有的备选开关状态的集合，两电平逆变器的有限控制集包含 8 种开关状态。磁链、转矩观测器利用三相电流的采样值和电机模型计算出当前时刻的定子磁链矢量值和位置，进而提供给预测模型进行下一时刻定子磁链和转矩的预测。

建立两相静止坐标系（α-β）下 PMSM 的数学模型，PMSM 定子电流方程为

$$\begin{cases} \dfrac{\mathrm{d}i_\alpha}{\mathrm{d}t} = -\dfrac{R_s}{L_s}i_\alpha + \dfrac{\omega_e}{L_s}\psi_f\sin\theta + \dfrac{1}{L_s}u_\alpha \\[3mm] \dfrac{\mathrm{d}i_\beta}{\mathrm{d}t} = -\dfrac{R_s}{L_s}i_\beta - \dfrac{\omega_e}{L_s}\psi_f\cos\theta + \dfrac{1}{L_s}u_\beta \end{cases} \tag{6.4}$$

PMSM 电磁转矩方程为

$$T_e = \frac{3}{2}p_n\boldsymbol{\psi}_s\times\boldsymbol{i}_s = \frac{3}{2}p_n(\psi_\alpha i_\beta - \psi_\beta i_\alpha) \tag{6.5}$$

磁链观测方程为

$$\begin{cases} \dfrac{\mathrm{d}\psi_\alpha}{\mathrm{d}t} = u_\alpha - R_s i_\alpha \\[3mm] \dfrac{\mathrm{d}\psi_\beta}{\mathrm{d}t} = u_\beta - R_s i_\beta \end{cases} \tag{6.6}$$

根据一阶欧拉公式，对式（6.4）和式（6.6）进行离散化，得到定子电流和磁链的预测公式为

$$\begin{cases} i_\alpha(k+1) = i_\alpha(k) + \dfrac{T_s}{L_s}\left[u_\alpha(k) - R_s i_\alpha(k) + \omega_e \psi_f \sin\theta \right] \\ i_\beta(k+1) = i_\beta(k) + \dfrac{T_s}{L_s}\left[u_\beta(k) - R_s i_\beta(k) - \omega_e \psi_f \cos\theta \right] \end{cases} \tag{6.7}$$

$$\begin{cases} \psi_\alpha(k+1) = \psi_\alpha(k) + T_s\left[u_\alpha(k) - R_s i_\alpha(k) \right] \\ \psi_\beta(k+1) = \psi_\beta(k) + T_s\left[u_\beta(k) - R_s i_\beta(k) \right] \end{cases} \tag{6.8}$$

将定子电流和磁链的预测值代入到电磁转矩方程，得到离散化的电磁转矩为

$$\begin{aligned} T_e(k+1) &= \frac{3}{2} p_n \psi_s(k+1) \times i_s(k+1) \\ &= \frac{3}{2} p_n\left[\psi_\alpha(k+1) i_\beta(k+1) - \psi_\beta(k+1) i_\alpha(k+1) \right] \end{aligned} \tag{6.9}$$

MPTC 需要同时对定子磁链和电磁转矩进行控制，其代价函数为

$$g = \left| T_e^*(k) - T_e(k+1) \right| + \lambda \left| \psi_s^*(k) - \psi_s(k+1) \right| \tag{6.10}$$

式中，λ 为磁链权重系数。

6.3　PMSM 模型预测控制在 Simulink 中仿真建模

模型预测控制仿真模型主要由 MPC、逆变器和永磁同步电机三部分构成，如图 6-3 所示。

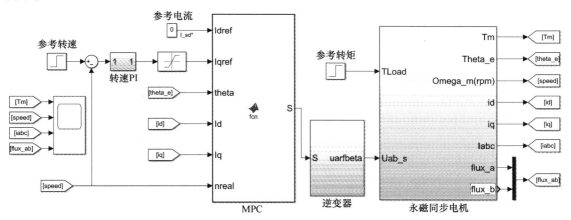

图 6-3　MPC 仿真模型

其中 MPC 的控制算法使用 MATLAB_function 编写，内容如下：

```
function S = fcn(Idref,Iqref,theta,Id,Iq,nreal)
  %%仿真参数设置
  p = 2;                  %极对数
  Udc = 380;              %母线电压
  Rs = 0.36;              %相电阻
  Ld = 1.5e-3;            %d轴电感
```

```
Lq = 1.55e-3;              %q 轴电感
flux = 0.117;              %永磁磁链
Ts = 100e-6;               %控制周期

%%候选电压矢量
s = [1 0 0;
     1 1 0;
     0 1 0;
     0 1 1;
     0 0 1;
     1 0 1;
     0 0 0];
%%将候选电压矢量表示在静态坐标系下
v = Udc * [0.6667;
  0.3333 + 0.5774i;
  -0.3333 + 0.5774i;
  -0.6667;
  -0.3333-0.5774i;
  0.3333-0.5774i;
  0];

omega = (p * nreal * pi * 2)/60;      %从 rpm 转换为 rad/s

A=[1-Rs * Ts/Ld,     Lq * Ts * omega/Ld;   %电机状态方程系数
  -Ld * Ts * omega/Lq,1-Rs * Ts/Lq];

B=[Ts/Ld,0;                               %电机状态方程系数
  0,Ts/Lq];

C=[0;
  -flux * Ts * omega/Lq];                 %电机状态方程系数

Trans=[cos(theta),sin(theta);
  -sin(theta),cos(theta)];                %Park 变换

%%存储上一步电压矢量
persistent V_old;
if isempty(V_old)
```

```
      V_old = 0+0j;
   end

   x_min = 0;                                    %定义初始值
   g = inf;                                      %定义超出电流范围
   Idq_k=[Id;Iq];
   Udq_k=Trans*[real(V_old);imag(V_old)];
   Idq_k1=A*Idq_k+B*Udq_k+C;                     %一拍延时补偿

%%最优电压矢量选取
   for i = 1:1:7
      Udq_k=Trans*[real(v(i));imag(v(i))];
      Idq_k2=A*Idq_k1+B*Udq_k+C;                 % 电流预测
      g1=abs(Idref-Idq_k2(1))+abs(Iqref-Idq_k2(2));   %代价函数
      if (Idq_k2(1) > 40)
          g1 = 5000000.0;
      end

      if (g1<g)
          g=g1;
          V_old=v(i);
          x_min=i;
      end
   end
   %%最优电压矢量输出
   S=[0,0,0];
      S(1)=s(x_min,1);
      S(2)=s(x_min,2);
      S(3)=s(x_min,3);
 end
```

上述 function 函数内容属于模型预测电流控制，如果想要实现模型预测转矩和磁链控制，可对其作适量修改，如下：

```
function S = fcn(Te_ref,flux_ref,theta,Id,Iq,nreal,flux_d,flux_q)
  %%仿真参数设置
  p = 2;                                         %极对数
  Udc = 380;                                     %母线电压
```

```matlab
Rs = 0.36;                              %相电阻
Ld = 1.5e-3;                            %d 轴电感
Lq = 1.55e-3;                           %q 轴电感
flux = 0.117;                           %永磁磁链
Ts = 100e-6;                            %控制周期

%%候选电压矢量
s = [1 0 0;
     1 1 0;
     0 1 0;
     0 1 1;
     0 0 1;
     1 0 1;
     0 0 0];
%%将候选电压矢量表示在静态坐标系下
v = Udc * [0.6667;
     0.3333 + 0.5774i;
     -0.3333 + 0.5774i;
     -0.6667;
     -0.3333-0.5774i;
     0.3333-0.5774i;
     0];

omega = (p * nreal * pi * 2)/60;        %从 rpm 转换为 rad/s

A=[1-Rs * Ts/Ld,    Lq * Ts * omega/Ld; %电机状态方程系数
   -Ld * Ts * omega/Lq,1-Rs * Ts/Lq];

B=[Ts/Ld,0;                             %电机状态方程系数
   0,Ts/Lq];

C=[0;
   -flux * Ts * omega/Lq];              %电机状态方程系数

Trans=[cos(theta),sin(theta);
   -sin(theta),cos(theta)];             %Park 变换

%%存储上一步电压矢量
```

106

```
persistent V_old;
if isempty(V_old)
  V_old = 0+0j;
end


x_min = 0;                          %定义初始值
g = inf;                            %定义超出电流范围
Idq_k=[Id;Iq];


%%最优电压矢量选取
for i = 1:1:7
  Udq_k=Trans*[real(v(i));imag(v(i))];
  psi_dk1=psi_d+Ts*(Udq_k(1)-Id*Rs+Iq*Lq*omega);
  psi_qk1=psi_q+Ts*(Udq_k(2)-Iq*Rs-(Id*Ld+Psif)*omega);
  Idq_k1=A*Idq_k+B*Udq_k+C;
  psi_k1=sqrt(psi_dk1^2+psi_qk1^2);
  Tek1 = 1.5*p*Idq_k1(2)*(Idq_k1(1)*(Ld-Lq)+Psif);
  g1 = 100*abs(psi_ref-psi_k1)  + abs(T_ref-Tek1);
  if (g1<g)
    g=g1;
    V_old=v(i);
    x_min=i;
  end
end
%%最优电压矢量输出
  S=[0,0,0];
  S(1)=s(x_min,1);
  S(2)=s(x_min,2);
  S(3)=s(x_min,3);
end
```

　　逆变器仿真模型参照 5.3.1 节内容，PMSM 仿真模型参照本书 4.3.2 节内容，此处不做过多阐述。仿真模型中所用电机参数参照本书 4.4 节表 4-4 内容。仿真条件设置为：仿真步长 $1e^{-5}s$，解算方法为固定步长，ode4 算法，仿真时长 0.5s，初始时刻转速给定 200r/min，空载运行，$t=0.1s$ 后转速给定为 1000r/min，空载运行，$t=0.3s$ 后，负载转矩给定 5N·m，转速环参数 $K_p=3$，$K_i=1.3$，仿真结果如图 6-4 所示。

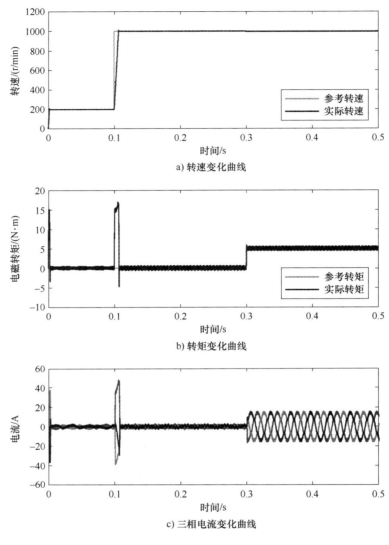

a) 转速变化曲线

b) 转矩变化曲线

c) 三相电流变化曲线

图 6-4   MPC 仿真结果

6. 4   PMSM 模型预测控制在 Simulink 中代码生成

永磁同步电机的模型预测电流控制在 Simulink 中代码生成模型可在磁场定向控制和直接转矩控制的基础上加以修改，其中模型预测控制和直接转矩控制比较相似，二者开关频率均为非恒定，因此模型预测控制模型同样也可以分为：①含 PWM 调制模块的模型预测控制；②直接分配开关信号的模型预测控制。6.4.1 节所示为直接分配开关信号的模式；6.4.2 节所示为另一种模式，该模式下开关频率恒定。转速闭环可以在图 6-3 的基础上添加转速 PI 调节器，具体参考 4.5.3 节对转速闭环实验的介绍。

6.4.1 直接分配开关信号

如果直接使用 MATLAB_function 函数输出的开关信号，需要保证硬件电路中包含死区控制电路，否则容易造成功率管损坏的问题。直接分配开关信号只需要正确对应六个功率管的 GPIO 口即可对电机进行有效控制，搭建模型如图 6-5 所示。

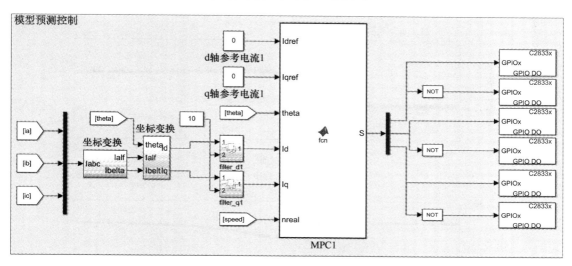

图 6-5　直接分配开关信号

6.4.2 含 PWM 调制模块

图 6-5 中 MATLAB_function 输出的是开关信号，要想该模型带有 PWM 调制模块，模型中需要加入"开关信号转 $\alpha\beta$ 轴电压信号"这一环节，即是在图 6-6 逆变器模块后再加入 Park 变换，与第 5 章直接转矩控制处理方式相同，模型中的其他部分完全一样。

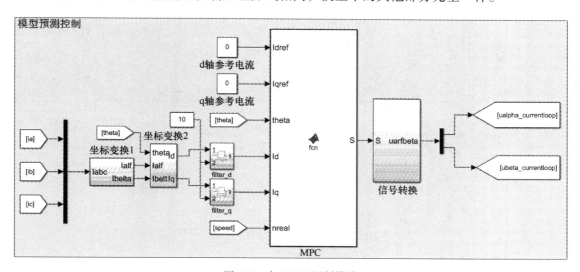

图 6-6　含 PWM 调制模块

109

6.4.3　实验结果

本章 Simulink 实验模型同 4.5.5 节相似，其中主要不同之处在于核心控制算法即电流闭环和转速闭环控制不再采用 FOC 算法，而是 MPC 算法，其余模块不变。实验步骤与 4.5.5 节完全相同。电机运行在 2500r/min，运行一段时间后突加 5N·m 的负载转矩，电机的转矩和转速波形如图 6-7 所示，加载后的稳态电流波形如图 6-8 所示。

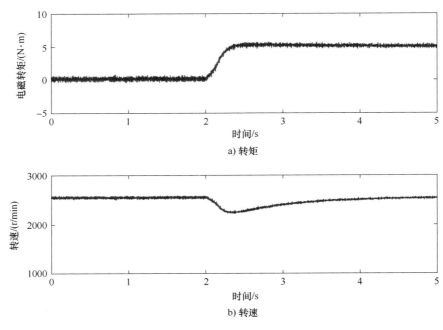

a) 转矩

b) 转速

图 6-7　转矩和转速波形

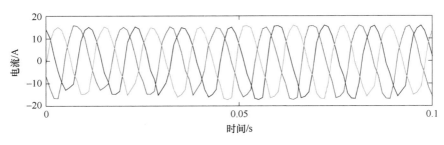

图 6-8　稳态电流波形

第7章　永磁同步电机无位置传感器控制技术

为了实现全速度范围的无位置传感器控制，在高速范围内，采用了滑膜观测器（Synovial Membrane Observer，SMO）法来估测转子位置；在低速范围内，采用了基于旋转电压的高频注入（High Frequency Injection，HFI）法来估测转子位置，并且使用了电压脉冲注入法来判断初始转子位置极性。此外，为了实现低速无传感器和高速无传感器之间的无缝切换，采用了转速权重函数来融合这两个方法估算出的转子位置。最后，通过实验验证，SMO法、HFI法以及转速权重函数法都具有良好的动态性能和稳态性能。

7.1　高速范围无位置控制的滑模观测器方法

在本节中，采用SMO法在高速范围估计电机转子位置。为了将SMO法应用于永磁同步电机（PMSM），电机dq轴电压方程如下所示：

$$\begin{bmatrix} u_d \\ u_q \end{bmatrix} = \begin{bmatrix} R_s & -w_r L_q \\ w_r L_q & R_s \end{bmatrix} \begin{bmatrix} i_d \\ i_q \end{bmatrix} + \frac{d}{dt} \begin{bmatrix} L_d & 0 \\ 0 & L_d \end{bmatrix} \begin{bmatrix} i_d \\ i_q \end{bmatrix} + \begin{bmatrix} 0 \\ w_r \psi_f + (L_d - L_q)(w_r i_d - i_q) \end{bmatrix} \quad (7.1)$$

将电压方程式（7.1）从dq轴转化至$\alpha\beta$轴，建立扩展反电动势模型（extended-EMF model）为

$$\begin{bmatrix} u_\alpha \\ u_\beta \end{bmatrix} = \begin{bmatrix} R_s & w_r(L_d - L_q) \\ -w_r(L_d - L_q) & R_s \end{bmatrix} \begin{bmatrix} i_\alpha \\ i_\beta \end{bmatrix} + \frac{d}{dt} \begin{bmatrix} L_d & 0 \\ 0 & L_d \end{bmatrix} \begin{bmatrix} i_\alpha \\ i_\beta \end{bmatrix} +$$

$$[w_r \psi_f + (L_d - L_q)(w_r i_d - i_q)] \begin{bmatrix} -\sin\theta_r \\ \cos\theta_r \end{bmatrix} \quad (7.2)$$

其中，式（7.2）的最后一项就是扩展电动势（extended EMF，EEMF）e表示为

$$e = \begin{bmatrix} e_\alpha \\ e_\beta \end{bmatrix} = [w_r \psi_f + (L_d - L_q)(w_r i_d - i_q)] \begin{bmatrix} -\sin\theta_r \\ \cos\theta_r \end{bmatrix} = E_{ex} \begin{bmatrix} -\sin\theta_r \\ \cos\theta_r \end{bmatrix} \quad (7.3)$$

式中，E_{ex}为e的幅值。

根据式（7.2），PMSM的电流状态方程可以改写为

$$\frac{d}{dt} \begin{bmatrix} i_\alpha \\ i_\beta \end{bmatrix} = \frac{1}{L_d} \begin{bmatrix} -R_s & -w_r(L_d - L_q) \\ w_r(L_d - L_q) & -R_s \end{bmatrix} \begin{bmatrix} i_\alpha \\ i_\beta \end{bmatrix} + \frac{1}{L_d} \begin{bmatrix} u_\alpha \\ u_\beta \end{bmatrix} - \frac{e}{L_d} \quad (7.4)$$

基于式（7.4），可以构造SMO的数学模型如式（7.5）所示：

$$\frac{d}{dt} \begin{bmatrix} \hat{i}_\alpha \\ \hat{i}_\beta \end{bmatrix} = \frac{1}{L_d} \begin{bmatrix} -R_s & -w_r(L_d - L_q) \\ w_r(L_d - L_q) & -R_s \end{bmatrix} \begin{bmatrix} \hat{i}_\alpha \\ \hat{i}_\beta \end{bmatrix} + \frac{1}{L_d} \begin{bmatrix} u_\alpha \\ u_\beta \end{bmatrix} - \frac{\hat{e} + z}{L_d} \quad (7.5)$$

式中，$[\hat{i}_\alpha, \hat{i}_\beta]^T$ 为 $\alpha\beta$ 轴上电流的估计值；$\hat{e}=[\hat{e}_\alpha, \hat{e}_\beta]^T$ 为 $\alpha\beta$ 轴上的估计扩展电动势估计值；z 是 SMO 控制函数的在 $\alpha\beta$ 轴上输出，可以表示为

$$z = \begin{bmatrix} z_\alpha \\ z_\beta \end{bmatrix} = k \begin{bmatrix} \mathrm{sat}(\hat{i}_\alpha - i_\alpha) \\ \mathrm{sat}(\hat{i}_\beta - i_\beta) \end{bmatrix} \tag{7.6}$$

式中，k 为 SMO 增益；$\mathrm{sat}(x)$ 为饱和函数。

为了保证 SMO 的收敛性，根据 Lyapunov 稳定性分析，k 应保证

$$k > \frac{1}{2}\max(|e_\alpha|, |e_\beta|) \tag{7.7}$$

此外，式（7.6）中的饱和函数 $\mathrm{sat}(x)$ 可表示为式（7.8），它是 SMO 控制函数，用于抑制 SMO 的抖振问题。

$$\mathrm{sat}(x) = \begin{cases} 1 & x \geq \delta \\ x/\delta & |x| < \delta \\ -1 & x \leq -\delta \end{cases} \tag{7.8}$$

式中，δ 是 SMO 法调节误差的宽度。

当增大 δ 时，抖振问题得到缓解，但估计精度降低，SMO 的鲁棒性下降。在实际应用中，δ 的取值应根据实际需要进行调整。

滑模面 $s = 0$ 选择为电流的估计误差，表示如下：

$$s = \begin{bmatrix} \widetilde{i}_\alpha \\ \widetilde{i}_\beta \end{bmatrix} = \begin{bmatrix} \hat{i}_\alpha - i_\alpha \\ \hat{i}_\beta - i_\beta \end{bmatrix} = 0 \tag{7.9}$$

将式（7.5）减去式（7.4），可得 SMO 的滑膜运动方程为

$$\dot{s} = \frac{1}{L_d} \begin{bmatrix} -R_s & -w_r(L_d - L_q) \\ w_r(L_d - L_q) & -R_s \end{bmatrix} \cdot s - \frac{\hat{e} + z - e}{L_d} \tag{7.10}$$

当系统收敛到滑模状态时，将保持：

$$\dot{s} = s = 0 \tag{7.11}$$

将式（7.11）代入式（7.10）可得

$$\hat{e} + z = e \tag{7.12}$$

在式（7.12）中，扩展反电动势 e 的相位角包含转子信息位置 θ_r，而 e 的频率为转子转速 w_r。另外，$\hat{e}$ 等于 z 经过低通滤波（Low Pass Filter，LPF）后的值。通过合理设计低通滤波器，可以使 $\hat{e}$ 与 z 在频率 w_r 处的相位保持一致。在这种情况下，$\hat{e}$ 的相位角等于 e 的相位角，进而可以利用 $\hat{e}$ 估计转子位置。基于 SMO 方法的转子位置估计示意图如图 7-1 所示。

当使用普通的 LPF 对 z 滤波时，$\hat{e}$ 的相位滞后难以得到很好的补偿。因此，这里采用了自适应 LPF。自适应 LPF 内部采用一阶 LPF，截止频率设为估计转子转速 $\hat{\omega}_r$。在稳态下，可以认为 $\hat{\omega}_r = \omega_r$，此时的相位滞后是一个恒定值 $\pi/4$。对滤波结果的相位补偿 $\pi/4$ 后，$\hat{e}$ 可以用来估计转子的位置。

正常情况下，转子位置可以用反正切函数式（7.13）直接计算得到。

$$\dot{\theta}_r = -\arctan(\hat{e}_\alpha / \hat{e}_\beta) \tag{7.13}$$

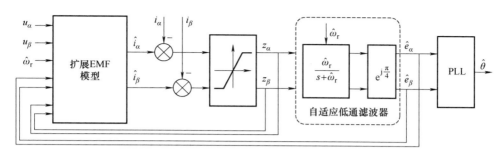

图 7-1　基于 SMO 方法的转子位置估计

　　然而，由于 SMO 法的抖振问题，通过反正切函数直接计算转子的位置将受到严重干扰。另外，由于式（7.13）包含除法，当 $\hat{e}_\beta$ 过零时将产生巨大的估计误差。因此，这里采用锁相环（PLL）算法估计转子位置，如图 7-2 所示。

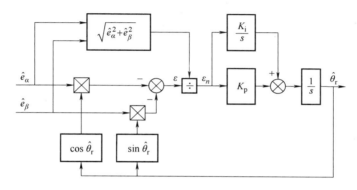

图 7-2　基于锁相环（PLL）的位置跟踪

　　在图 7-2 中，等效位置误差信号 ε_n 可以表示为

$$
\begin{aligned}
\varepsilon_n &= \frac{1}{\sqrt{\hat{e}_\alpha^2 + \hat{e}_\beta^2}} \left[-\hat{e}_\alpha \cos\hat{\theta}_r - \hat{e}_\beta \sin\hat{\theta}_r \right] \\
&= \frac{1}{E_{ex}} \left[E_{ex}\sin\theta_r\cos\hat{\theta}_r - E_{ex}\cos\theta_r\sin\hat{\theta}_r \right] \\
&= \sin(\theta_r - \hat{\theta}_r) \approx \theta_r - \hat{\theta}_r
\end{aligned}
\tag{7.14}
$$

那么，锁相环（Phase-Locked Loop，PLL）的闭环传递函数 $G_{PLL}(s)$ 可表示为

$$
G_{PLL}(s) = \frac{\hat{\theta}_r}{\theta_r} = \frac{K_p s + K_i}{s^2 + K_p s + K_i}
\tag{7.15}
$$

$G_{PLL}(s)$ 是一个二阶传递函数。可通过使用极点配置法设计 PLL 的参数 K_p 和 K_i。

7.2　低速范围无位置控制的旋转电压高频注入法

　　为分析基于旋转电压高频注入法的工作原理，需要建立在高频电压下的永磁同步电机数学模型。IPMSM 的 dq 轴磁链方程如下所示：

$$\begin{bmatrix} \psi_{\mathrm{d}} \\ \psi_{\mathrm{q}} \end{bmatrix} = \begin{bmatrix} L_{\mathrm{d}} & 0 \\ 0 & L_{\mathrm{q}} \end{bmatrix} \begin{bmatrix} i_{\mathrm{d}} \\ i_{\mathrm{q}} \end{bmatrix} + \begin{bmatrix} \psi_{\mathrm{f}} \\ 0 \end{bmatrix} \tag{7.16}$$

通过对式（7.16）坐标变换，可以得到 $\alpha\beta$ 坐标系下的磁链模型为

$$\boldsymbol{\psi}_{\alpha\beta} = \boldsymbol{L}_{\alpha\beta} \cdot \boldsymbol{i}_{\alpha\beta} + \psi_{\mathrm{f}} \mathrm{e}^{\mathrm{j}\theta_{\mathrm{r}}} \tag{7.17}$$

式中

$$\begin{cases} \boldsymbol{\psi}_{\alpha\beta} = [\psi_\alpha \psi_\beta]^{\mathrm{T}}, \boldsymbol{i}_{\alpha\beta} = [i_\alpha i_\beta]^{\mathrm{T}} \\ \boldsymbol{L}_{\alpha\beta} = \begin{bmatrix} \sum L - \Delta L \cos(2\theta_{\mathrm{r}}) & -\Delta L \sin(2\theta_{\mathrm{r}}) \\ -\Delta L \sin(2\theta_{\mathrm{r}}) & \sum L + \Delta L \cos(2\theta_{\mathrm{r}}) \end{bmatrix} \end{cases}$$

其中，$\sum L = \dfrac{L_{\mathrm{q}} + L_{\mathrm{d}}}{2}$，$\Delta L = \dfrac{L_{\mathrm{q}} - L_{\mathrm{d}}}{2}$

根据式（7.17），$\alpha\beta$ 坐标系下的电压方程可表示为

$$\boldsymbol{u}_{\alpha\beta} = R_{\mathrm{s}} \cdot \boldsymbol{i}_{\alpha\beta} + \frac{\mathrm{d}}{\mathrm{d}t} \boldsymbol{\psi}_{\alpha\beta}$$

$$= R_{\mathrm{s}} \cdot \boldsymbol{i}_{\alpha\beta} + \frac{\mathrm{d}}{\mathrm{d}t}(\boldsymbol{L}_{\alpha\beta} \cdot \boldsymbol{i}_{\alpha\beta}) + \mathrm{j}\omega_{\mathrm{r}}\psi_{\mathrm{f}} \mathrm{e}^{\mathrm{j}\theta_{\mathrm{r}}} \tag{7.18}$$

对于基于旋转电压的 HFI 方法，在 $\alpha\beta$ 坐标系注入的旋转电压信号可以表示为

$$\boldsymbol{u}_{\alpha\beta\_\mathrm{h}} = U_{\mathrm{h}} \cdot \mathrm{e}^{\mathrm{j}\omega_{\mathrm{h}}t} = U_{\mathrm{h}} \begin{bmatrix} \cos(\omega_{\mathrm{h}}t) \\ \sin(\omega_{\mathrm{h}}t) \end{bmatrix} \tag{7.19}$$

式中，U_{h} 和 ω_{h} 分别为注入的高频率电压信号的幅值和角频率。

当注入高频电压 $\boldsymbol{u}_{\alpha\beta\_\mathrm{h}}$ 时，可以对电压方程式（7.18）进行简化：首先，由于在高频电压源下，电机阻抗中的电抗远大于电阻，因此式（7.18）中的电阻压降 $R_{\mathrm{s}} \cdot \boldsymbol{i}_{\alpha\beta}$ 可以忽略。其次由于 HFI 方法应用于低速范围，转子转速 ω_{r} 可以认为远低于高频电压的频率 ω_{h}，因此式（7.18）中的第三项 $\mathrm{j}\omega_{\mathrm{r}}\psi_{\mathrm{f}} \mathrm{e}^{\mathrm{j}\theta_{\mathrm{r}}}$ 可以忽略。

将式（7.19）代入式（7.18），并忽略上述两项，电压方程即可以简化为

$$\boldsymbol{u}_{\alpha\beta\_\mathrm{h}} = \frac{\mathrm{d}}{\mathrm{d}t}(\boldsymbol{L}_{\alpha\beta} \cdot \boldsymbol{i}_{\alpha\beta\_\mathrm{h}}) \tag{7.20}$$

通过求解式（7.20），得到高频电流响应为

$$\boldsymbol{i}_{\alpha\beta\_\mathrm{h}} = \boldsymbol{L}_{\alpha\beta}^{-1} \left(\frac{1}{\mathrm{j}\omega_{\mathrm{h}}} \boldsymbol{u}_{\alpha\beta} \right)$$

$$= I_{\mathrm{p}} \cdot \mathrm{e}^{\mathrm{j}(\omega_{\mathrm{h}}t - \pi/2)} + I_{\mathrm{h}} \cdot \mathrm{e}^{\mathrm{j}(-\omega_{\mathrm{h}}t + 2\theta_{\mathrm{r}} + \pi/2)} \tag{7.21}$$

式中

$$I_{\mathrm{p}} = \frac{U_{\mathrm{h}}}{\omega_{\mathrm{h}}} \cdot \frac{\sum L}{\sum L^2 - \Delta L^2} \quad I_{\mathrm{n}} = \frac{U_{\mathrm{h}}}{\omega_{\mathrm{h}}} \cdot \frac{\Delta L}{\sum L^2 - \Delta L^2}$$

式中，I_{p}、I_{n} 分别为正序电流和负序电流的幅值；ΔL 和 $\sum L$ 是差分电感和平均电感。由式（7.21）可知，$\boldsymbol{i}_{\alpha\beta\_\mathrm{h}}$ 由两项组成：第一项是正序电流空间矢量，它的旋转角频率是 ω_{h}；

第二项是负序列电流空间矢量,它的旋转方向与第一项相反,角频率为 $-\omega_h+2\omega_r$。其中,第二项包含转子位置信息。

因此,通过对负序电流的提取和分析,可以确定转子的位置。完整的转子位置估计系统框图如图 7-3 所示。

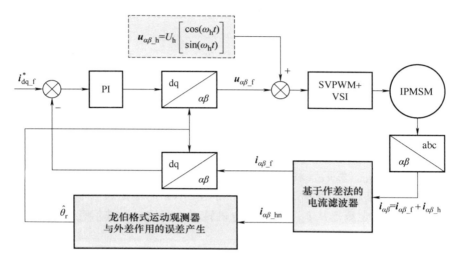

图 7-3　基于高频注入法的转子位置估计

用基于做差法的电流滤波器从总电流响应 $i_{\alpha\beta}$ 中提取负序电流 $i_{\alpha\beta\_hn}$ 和基频电流 $i_{\alpha\beta\_f}$。然后将 $i_{\alpha\beta\_hn}$ 引入到龙伯格式运动观测器 (Luenberger-style motion observer) 中估计转子位置,并且将 $i_{\alpha\beta\_f}$ 反馈到 PI 电流调节器中。基于做差法的电流滤波器和龙伯格式运动观测器分别如图 7-4 和图 7-5 所示。

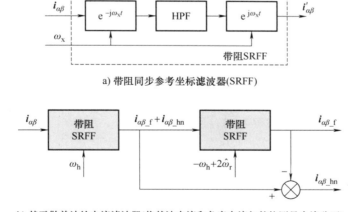

a) 带阻同步参考坐标滤波器(SRFF)

b) 基于做差法的电流滤波器(将基波电流和负序电流与整体测量电流分开)

图 7-4　基于做差法的电流滤波器

当使用基于旋转电压的 HFI 方法时,同步参考坐标滤波器(SRFF)在分离向量 $i_{\alpha\beta\_hn}$ 和 $i_{\alpha\beta\_f}$ 方面表现出了卓越的性能。图 7-4a 为带阻 SRFF 的示意图。在图 7-4a 中,期望的截止频

率为 ω_x，输入信号 $\boldsymbol{i}_{\alpha\beta}$ 首先被转换到以 ω_x 旋转的参考坐标系。此时，原本频率为 ω_x 的信号分量在旋转坐标系中，被转换为直流分量。在这种情况下，该信号分量可以通过简单的高通滤波器被滤除。之后，剩余的信号分量再被转换回原来的静止坐标系。

在这个带阻 SRFF 中，只用一个简单的一阶滤波器，就能在期望的带阻频率 ω_x 处保证接近零幅的增益。并且在其他频率下，幅值的衰减和相位的畸变都很小。该带阻 SRFF 的传递函数为

$$\frac{\boldsymbol{i}'_{\alpha\beta}}{\boldsymbol{i}_{\alpha\beta}} = \frac{s - \mathrm{j}\omega_x}{s + \omega_b - \mathrm{j}\omega_x} \tag{7.22}$$

式中，ω_x 为期望消去的频率分量；ω_b 是内部 HPF 的截止频率。

那么，带阻 SRFF 的带宽可以表示为 $(\omega_x - \omega_b, \omega_x + \omega_b)$。

图 7-4b 是基于做差法的电流滤波器的结构图，它从总测量电流 $\boldsymbol{i}_{\alpha\beta}$ 中使用带阻 SRFF 来分离基频电流 $\boldsymbol{i}_{\alpha\beta\_f}$ 和负序电流 $\boldsymbol{i}_{\alpha\beta\_hn}$。首先，利用截止频率为 ω_h 的带阻 SRFF 来消除总电流 $\boldsymbol{i}_{\alpha\beta}$ 中的正序电流 $\boldsymbol{i}_{\alpha\beta\_hn}$。然后，利用截止频率为 $-\omega_h + 2\hat{\omega}_r$ 的带阻 SRFF，从剩余信号中消去信号 $\boldsymbol{i}_{\alpha\beta\_hn}$，进而得到 $\boldsymbol{i}_{\alpha\beta\_f}$。此时，用第一个带阻 SRFF 的输出减去 $\boldsymbol{i}_{\alpha\beta\_f}$ 就可以得到 $\boldsymbol{i}_{\alpha\beta\_hn}$。

利用龙伯格式运动观测器从 $\boldsymbol{i}_{\alpha\beta\_hn}$ 中提取电机转子位置信息，其示意图如图 7-5 所示。

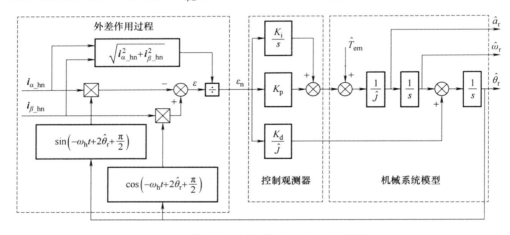

图 7-5　带外差作用的龙伯格式运动观测器

在图 7-5 中，通过外差法计算得到位置估计误差 ε_n，它可以认为是估计负序电流与实际负序电流矢量叉乘的结果，如式（7.23）所示。

$$\begin{aligned}
\varepsilon_n &= \frac{1}{\sqrt{i_{\alpha\_hn}^2 + i_{\beta\_hn}^2}} \cdot \mathrm{e}^{\mathrm{j}\left(-\omega_h t + 2\hat{\theta}_r + \frac{\pi}{2}\right)} \times \boldsymbol{i}_{\alpha\beta\_hn} \\
&= \frac{1}{I_{hn}} \cdot \mathrm{e}^{\mathrm{j}\left(-\omega_h t + 2\hat{\theta}_r + \frac{\pi}{2}\right)} \times I_{hn} \mathrm{e}^{\mathrm{j}\left(-\omega_h t + 2\theta_r + \frac{\pi}{2}\right)} \\
&= \sin[2(\theta_r - \hat{\theta}_r)] \approx 2\Delta\hat{\theta}_r
\end{aligned} \tag{7.23}$$

根据式（7.23），当 θ_r 和 $\hat{\theta}_r$ 的差足够小时，$\sin[2(\theta_r - \hat{\theta}_r)]$ 近似等于 $2\Delta\hat{\theta}_r$。但是由于系数 2 的存在，当 ε_n 的估计位置为 θ_r 或 $\theta_r + \pi$ 时，其结果是相同的。因此，上述 HFI 方法无法区分转子磁极 N 和 S。因此，在电机启动前需要采用额外的转子极性检测方法。

7.3 高速无位置控制与低速无位置控制之间的切换算法

如上所述，基于 SMO 的方法只能在中高速范围内估计出可靠的转子位置，但在低速范围内则会失真。另一方面，基于 HFI 的方法在静止和低速范围可以提供准确的转子位置，但在高速范围则会失真。因此实现在全速度范围的无位置传感器控制，需要合适的切换算法来结合这两种方法。切换算法示意图如图 7-6 所示。

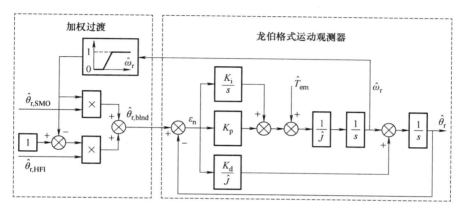

图 7-6　基于 SMO 和 HFI 的位置估计切换算法

在图 7-6 中，利用基于转速的加权函数对 SMO 法的位置估计值 $\hat{\theta}_{r,\text{SMO}}$ 和 HFI 法的位置估计值 $\hat{\theta}_{r,\text{HFI}}$ 进行融合。然后用龙伯格式运动观测器对混合后的位置估计 $\hat{\theta}_{r,\text{blnd}}$ 进行滤波。龙伯格式运动观测器的输出 $\hat{\theta}_r$ 就是输出的转子位置估计值。此外，转速估计值 $\hat{\omega}_r$ 反馈回去作为转速加权函数的指示信号。

转速加权函数可以表示为

$$\hat{\theta}_{r,\text{blnd}} = g_w \hat{\theta}_{r,\text{SMO}} + (1-g_w) \hat{\theta}_{r,\text{HFI}} \tag{7.24}$$

$$g_w = \begin{cases} 1 & |\hat{\omega}_r| \geqslant \omega_{\text{upper}} \\ \dfrac{|\hat{\omega}_r| - \omega_{\text{lower}}}{\omega_{\text{upper}} - \omega_{\text{lower}}} & \omega_{\text{lower}} < |\hat{\omega}_r| < \omega_{\text{upper}} \\ 0 & |\hat{\omega}_r| \leqslant \omega_{\text{lower}} \end{cases} \tag{7.25}$$

式中，g_w 为权系数；ω_{upper} 和 ω_{lower} 是过渡区域的高速和低速阈值。

当转速 $\hat{\omega}_r > \omega_{\text{upper}}$ 时，输出 SMO 法的位置估计值 $\theta_{r,\text{SMO}}$；当转速 $\hat{\omega}_r < \omega_{\text{lower}}$ 时，输出 HFI 法的位置估计值 $\theta_{r,\text{HFI}}$；当 $\hat{\omega}_r$ 位于 $[\omega_{\text{lower}}, \omega_{\text{upper}}]$ 之间时，加权函数式（7.24）的系数 g_w 是一个与 $\hat{\omega}_r$ 线性相关的值。

7.4 无位置控制技术在 Simulink 中仿真建模

使用 7.2 节所述旋转高频电压注入的方法测试转子位置，模型搭建如图 7-7 所示，在矢量控制的基础上，于 dq 轴加入高频旋转电压，并在电机输出后将高频电压分离出来进行转子位置检测和转速估计。

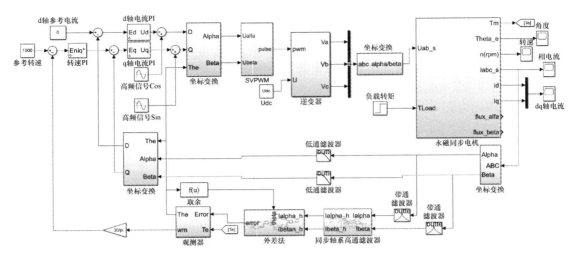

图 7-7　旋转高频电压注入法位置检测

　　其中，同步轴系高通滤波器模型如图 7-8 所示，当中的高通滤波器可以选用巴特沃思滤波器，设置为 2 阶，通过频率须大于输入的旋转高频电压频率值。

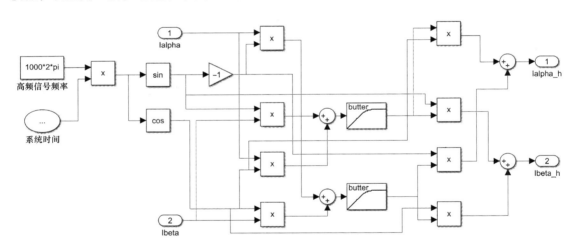

图 7-8　同步轴系高通滤波器模型

　　外差法模型和转子位置观测器如图 7-9 和图 7-10 所示。

　　仿真时电机参数设置参照 4.4 节表 4-4 内容。仿真模型设置如下：仿真时长 0.2s，解算器设置为变步长，在 0.1s 时给电机加载 0.1N·m 的负载转矩，给定参考转速 1000r/min，输入的高频电压频率为 1000Hz，幅值 5V，转速环 PI 给定为 2 和 2，电流环 PI 设定为 40 和 10。电机输出的转速和转子位置信号如图 7-11 所示，从图中可以看出，当电机空载时，转速和位置信号估算良好，误差较小，施加负载转矩后，位置信号和转速信号会出现越来越大的偏差，这是无位置控制的最大问题。

　　该转速下电机电流基频可计算为

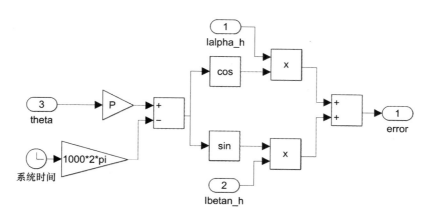

图 7-9　外差法模型

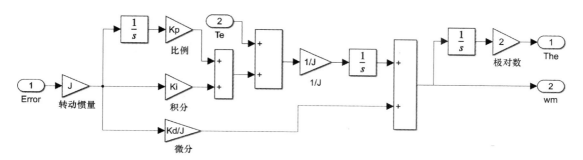

图 7-10　转子位置观测器

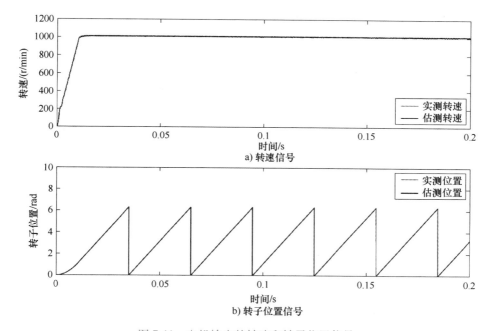

图 7-11　电机输出的转速和转子位置信号

$$f = \frac{np}{60} = \frac{1000 \times 2}{60} \text{Hz} \approx 17 \text{Hz}$$

输入的高频旋转电压可表示为

$$\begin{cases} u_{\alpha\_h} = U_{\text{Amp}} \cos(1000 \times 2\pi t) \\ u_{\beta\_h} = U_{\text{Amp}} \sin(1000 \times 2\pi t) \end{cases}$$

7.5　无位置控制技术在 Simulink 中代码生成

基于矢量控制技术的无位置控制代码生成模型如图 7-12 所示。在第 4 章的基础上，增加了高频旋转电压发生器、同步轴系高通滤波器和外差法。

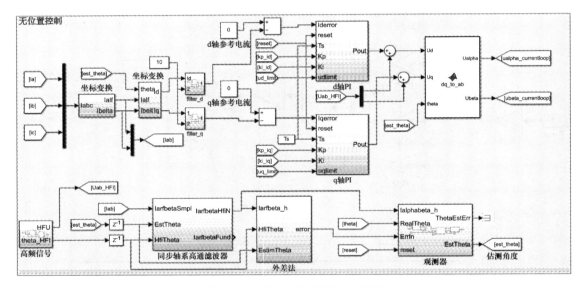

图 7-12　无位置控制代码生成模型

7.5.1　模型搭建

旋转高频电压发生器搭建如图 7-13 所示。

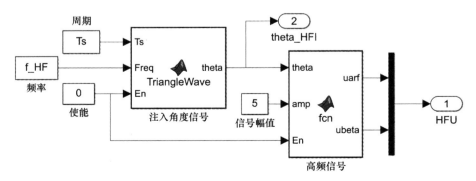

图 7-13　旋转高频电压发生器

其中，高频信号注入的角度信号函数如下：

```
function theta = TriangleWave(Ts,Freq,En)
  persistent theta0;
  if isempty(theta0)
    theta0 = 0;
  end

  theta=theta0+Ts * Freq * 2 * pi;
  if theta>2 * pi
    theta = theta-2 * pi;
  end

  if En == 0
    theta = 0;
  end

  theta0=theta;
end
```

输入的高频电压信号发生器函数如下：

```
function [uarf,ubeta] = fcn(theta,amp,En)
  if En == 0
    uarf = 0;
    ubeta = 0;
  else
    uarf=amp * cos(theta);
    ubeta=amp * sin(theta);
  end
end
```

同步轴系高通滤波器模型如图 7-14 所示，其中滤波器 1 输出的是基频电流。

两个滤波器内部模型如图 7-15 所示，其中前后含有两个坐标变换，中间包括两个滤波器（滤波器可自行设计相应参数）。

滤波器（以数字滤波器 1 为例）设置如下：

```
function Out  = DFilter(Iaout,Bz,Az)
  persistent Xold;
  if isempty(Xold)
    Xold = [0,0,0];
```

```
    end

    persistent Yold;
    if isempty(Yold)
      Yold = [0,0,0];
    end

    Xsum = In * Bz(1) + Xold(1) * Bz(2) + Xold(2) * Bz(3) + Xold(3) *
Bz(4);
    Ysum = Yold(1) * Az(2) + Yold(2) * Az(3) + Yold(3) * Az(4);
    Out = (Xsum-Ysum)/Az(1);

    Xold(3)=Xold(2);
    Xold(2)=Xold(1);
    Xold(1)=In;

    Yold(3)=Yold(2);
    Yold(2)=Yold(1);
    Yold(1)=Out;
  end
```

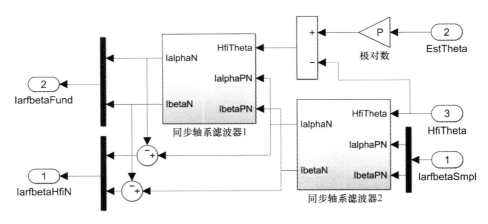

图 7-14　同步轴系高通滤波器模型

外差法模型如图 7-16 所示。

转子位置估算模型根据图 7-5 搭建，如图 7-17 所示，其中 PI 调节器采用 4.5.3 节的 PI 调节器。

各函数模块对应函数代码如下：

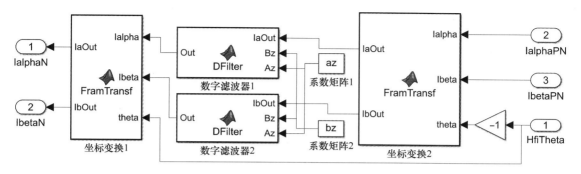

图 7-15　滤波器内部模型

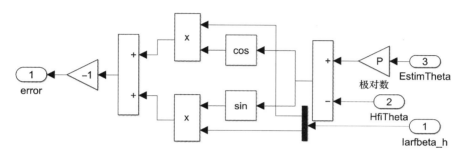

图 7-16　外差法模型

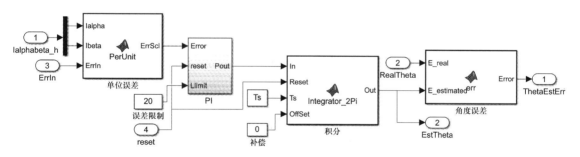

图 7-17　转子位置估算模型

```
%%单位误差
function ErrScl = PerUnit(Ialpha,Ibeta,ErrIn)
  mg = sqrt(Ialpha^2 + Ibeta^2);
  if mg==0
    ErrScl = 0;
  else
    ErrScl = ErrIn/mg;
  end
```

```
end

%%积分
function Out  = Integrator_2Pi(In,Reset,Ts,OffSet)
  persistent Sum;
  if isempty(Sum)
    Sum = 0;
  end

  if Reset==0
    Sum=0;
  end

  Sum = Sum + Ts * In;
  limit = 2 * pi;
  if Sum > limit
    Sum = Sum-limit;
  elseif Sum < 0
    Sum = Sum + limit;
  end

  Out = Sum + OffSet;
  Out = mod(Out,limit);
end

%%角度误差
function Error = err(E_real,E_estimated)
  Error= E_estimated-E_real;
  if Error>3 * pi/2
    Error=Error-2 * pi;
  elseif Error<-3 * pi/2
    Error=Error+2 * pi;
  end
end
```

7.5.2 实验结果

实验使用凸极式永磁同步电机，电机参数见表 7-1。

表 7-1   电机参数

参　　数	数　　值
额定电压 U_N/V	13
额定电流 I_N/A	40
额定转矩 T_N/(N·m)	2
额定转速 n_N/(r/min)	2000
电阻 R_s/Ω	0.036
dq 轴电感 (L_d, L_q)/mH	0.065/0.09
永磁体磁链 ψ_f/Wb	0.007
转动惯量 J/(kg·m²)	0.00187
极对数 n_p	5

电机运行在 100r/min，电流 i_q 从 5A 上升至 20A 的过程中，电机的转子位置和转速信号估测值与实测值如图 7-18 所示，可以看到：当电机运行在 5A 工况下，转速和转子位置估测良好，但是当电机的运行工况发生变化时，电机的转速和转子位置信息估测出现偏差。

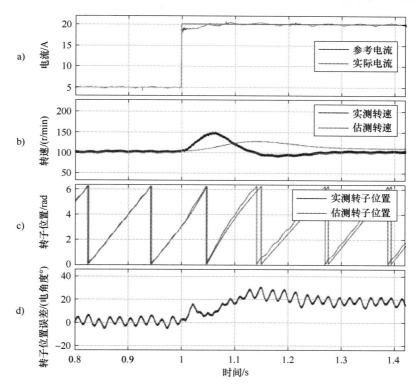

图 7-18   转速和位置信号实验波形

附　　录

附录 A　软件环境设置

硬件支持包 Embedded Coder Support Package for Texas Instruments C2000 Processors 安装及 MATLAB 与 CCS 相关联方法步骤：

1）点击主页→附加功能→管理附加功能，选择硬件支持包 Embedded Coder Support Package for Texas Instruments C2000 Processors，点击安装（见图 A-1）；

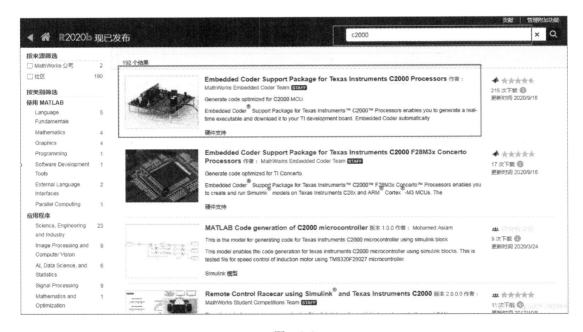

图　A-1

2）选择 TI 全部文件包（见图 A-2）。

3）检查 TI controlSUITE、TI Code Composer Studio 和 TI C2000Ware 三个文件是否已经存在电脑上，其中 TI C2000Ware 为非必须文件（见图 A-3）。

4）选择 TI controlSUITE、TI Code Composer Studio 和 TI C2000 compiler 三个安装包的配置路径，该路径必须选择正确否则 MATLAB 不能完成代码生成过程（见图 A-4~图 A-6）。

5）最终安装和配置成功界面如图 A-7 所示。

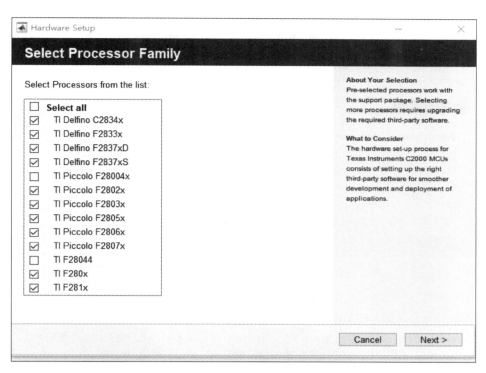

图　A-2

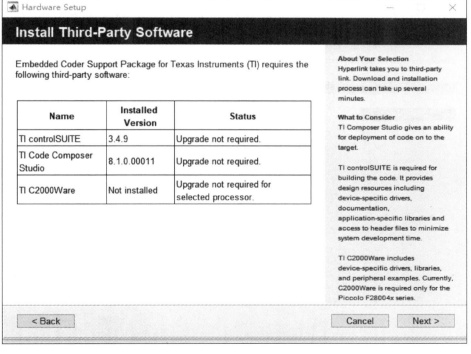

图　A-3

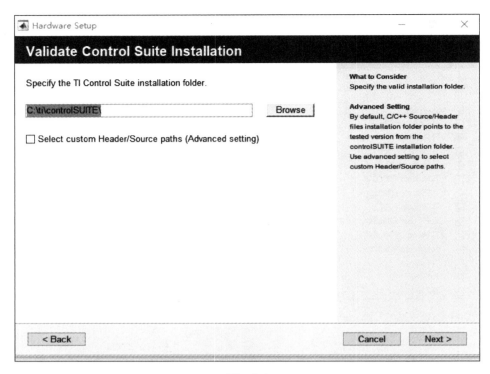

图 A-4

图 A-5

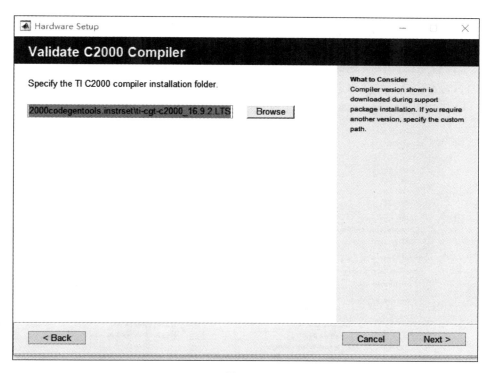

图　A-6

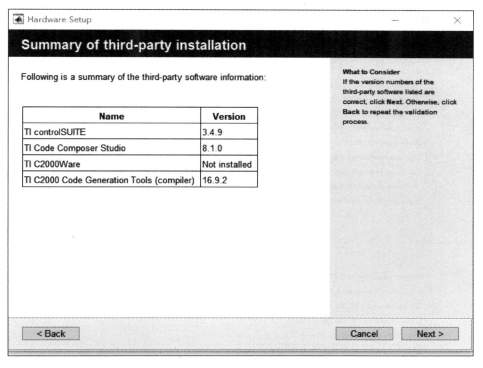

图　A-7

附录 B　Simulink 硬件实现设置

在模型设置中的硬件实现部分，下面所示图（图 B-1～图 B-12）可供参考。根据所选用芯片和硬件电路不同，可做出适当调整。

图 B-1　Build options

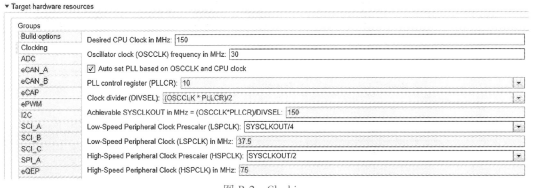

图 B-2　Clocking

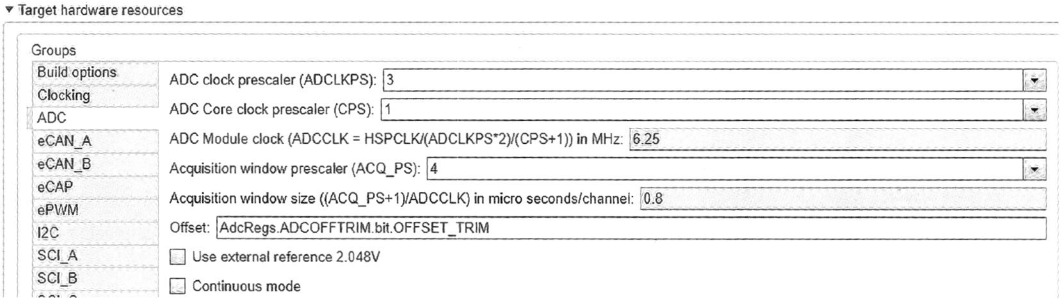

图 B-3　ADC

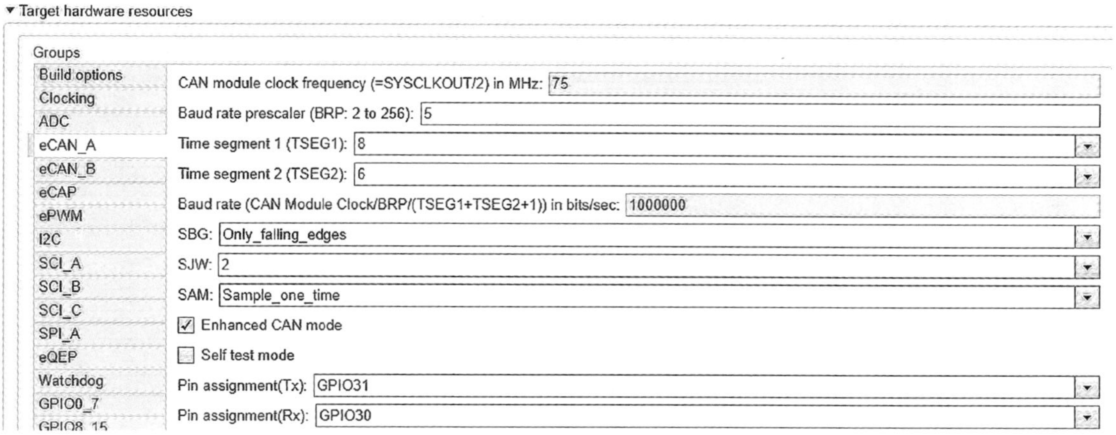

▼ Target hardware resources

Groups

Build options	CAN module clock frequency (=SYSCLKOUT/2) in MHz: 75
Clocking	Baud rate prescaler (BRP: 2 to 256): 5
ADC	
eCAN_A	Time segment 1 (TSEG1): 8
eCAN_B	Time segment 2 (TSEG2): 6
eCAP	
ePWM	Baud rate (CAN Module Clock/BRP/(TSEG1+TSEG2+1)) in bits/sec: 1000000
I2C	SBG: Only_falling_edges
SCI_A	SJW: 2
SCI_B	
SCI_C	SAM: Sample_one_time
SPI_A	☑ Enhanced CAN mode
eQEP	☐ Self test mode
Watchdog	Pin assignment(Tx): GPIO31
GPIO0_7	
GPIO8_15	Pin assignment(Rx): GPIO30

图 B-4　eCAN_A

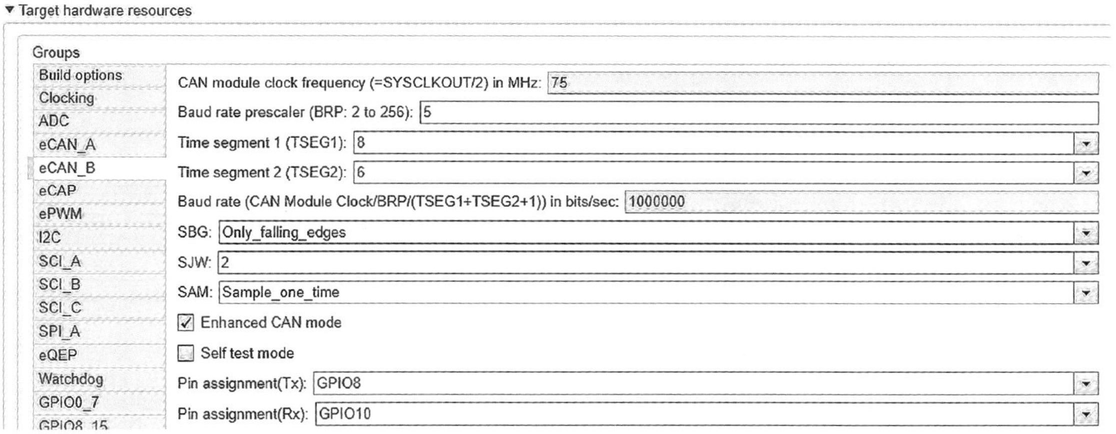

▼ Target hardware resources

Groups

Build options	CAN module clock frequency (=SYSCLKOUT/2) in MHz: 75
Clocking	Baud rate prescaler (BRP: 2 to 256): 5
ADC	
eCAN_A	Time segment 1 (TSEG1): 8
eCAN_B	Time segment 2 (TSEG2): 6
eCAP	
ePWM	Baud rate (CAN Module Clock/BRP/(TSEG1+TSEG2+1)) in bits/sec: 1000000
I2C	SBG: Only_falling_edges
SCI_A	SJW: 2
SCI_B	
SCI_C	SAM: Sample_one_time
SPI_A	☑ Enhanced CAN mode
eQEP	☐ Self test mode
Watchdog	Pin assignment(Tx): GPIO8
GPIO0_7	
GPIO8_15	Pin assignment(Rx): GPIO10

图 B-5　eCAN_B

▼ Target hardware resources

Groups

Build options	ECAP1 pin assignment: GPIO24
Clocking	ECAP2 pin assignment: GPIO25
ADC	
eCAN_A	ECAP3 pin assignment: None
eCAN_B	ECAP4 pin assignment: None
eCAP	
ePWM	ECAP5 pin assignment: None
I2C	ECAP6 pin assignment: None

图 B-6　eCAP

131

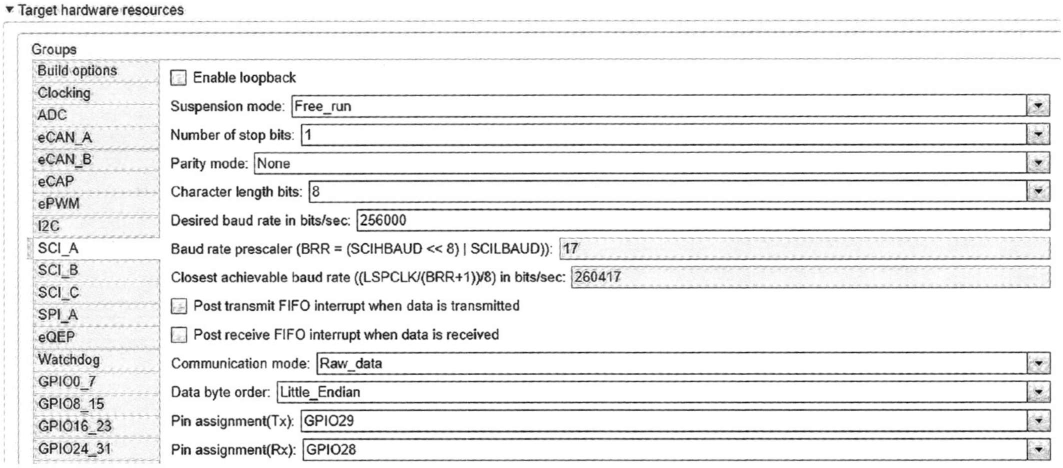

▼ Target hardware resources

Groups	
Build options	☐ Enable loopback
Clocking	Suspension mode: Free_run ▾
ADC	Number of stop bits: 1 ▾
eCAN_A	Parity mode: None ▾
eCAN_B	Character length bits: 8 ▾
eCAP	Desired baud rate in bits/sec: 256000
ePWM	Baud rate prescaler (BRR = (SCIHBAUD << 8)	SCILBAUD)): 17
I2C	Closest achievable baud rate ((LSPCLK/(BRR+1))/8) in bits/sec: 260417
SCI_A	☒ Post transmit FIFO interrupt when data is transmitted
SCI_B	☒ Post receive FIFO interrupt when data is received
SCI_C	Communication mode: Raw_data ▾
SPI_A	Data byte order: Little_Endian ▾
eQEP	Pin assignment(Tx): GPIO29 ▾
Watchdog	Pin assignment(Rx): GPIO28 ▾
GPIO0_7	
GPIO8_15	
GPIO16_23	
GPIO24_31	

图 B-7 SCI_A

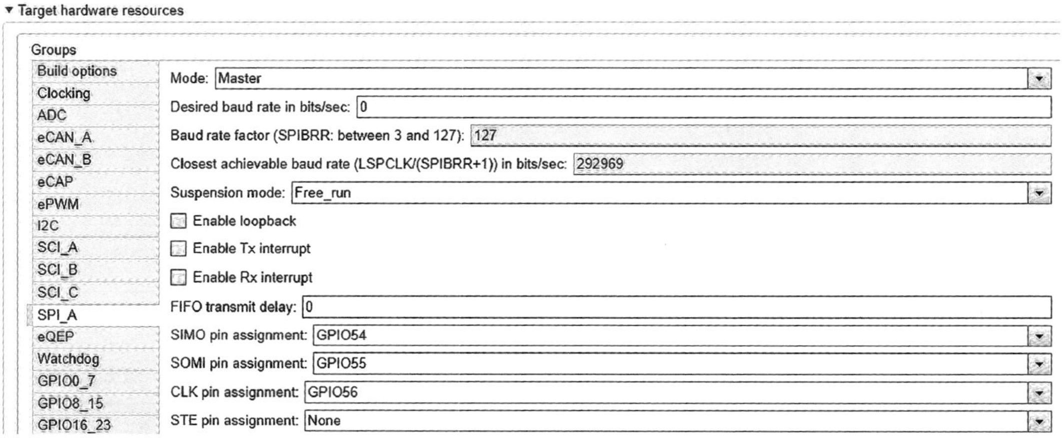

▼ Target hardware resources

Groups	
Build options	Mode: Master ▾
Clocking	Desired baud rate in bits/sec: 0
ADC	Baud rate factor (SPIBRR: between 3 and 127): 127
eCAN_A	Closest achievable baud rate (LSPCLK/(SPIBRR+1)) in bits/sec: 292969
eCAN_B	Suspension mode: Free_run ▾
eCAP	☐ Enable loopback
ePWM	☐ Enable Tx interrupt
I2C	☐ Enable Rx interrupt
SCI_A	FIFO transmit delay: 0
SCI_B	SIMO pin assignment: GPIO54 ▾
SCI_C	SOMI pin assignment: GPIO55 ▾
SPI_A	CLK pin assignment: GPIO56 ▾
eQEP	STE pin assignment: None ▾
Watchdog	
GPIO0_7	
GPIO8_15	
GPIO16_23	

图 B-8 SPI_A

▼ Target hardware resources

Groups	
Build options	EQEP1A pin assignment: GPIO50 ▾
Clocking	EQEP1B pin assignment: GPIO51 ▾
ADC	EQEP1S pin assignment: GPIO52 ▾
eCAN_A	EQEP1I pin assignment: GPIO53 ▾
eCAN_B	
eCAP	

图 B-9 eQEP

▼ Target hardware resources

Groups		
Build options	XINT1 GPIO: 0 ▾	XINT1 Polarity: Falling edge ▾
Clocking	XINT2 GPIO: 0 ▾	XINT2 Polarity: Falling edge ▾
ADC	XINT3 GPIO: 32 ▾	XINT3 Polarity: Falling edge ▾
eCAN_A	XINT4 GPIO: 32 ▾	XINT4 Polarity: Falling edge ▾
eCAN_B	XINT5 GPIO: 32 ▾	XINT5 Polarity: Falling edge ▾
eCAP	XINT6 GPIO: 32 ▾	XINT6 Polarity: Falling edge ▾
ePWM	XINT7 GPIO: 32 ▾	XINT7 Polarity: Falling edge ▾
I2C		
SCI_A		

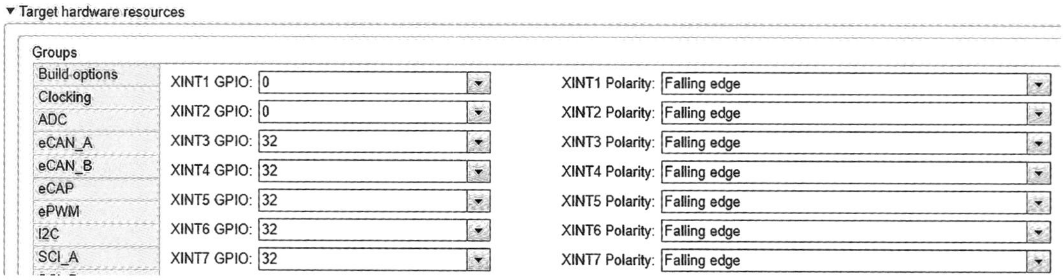

图 B-10 External interrupt

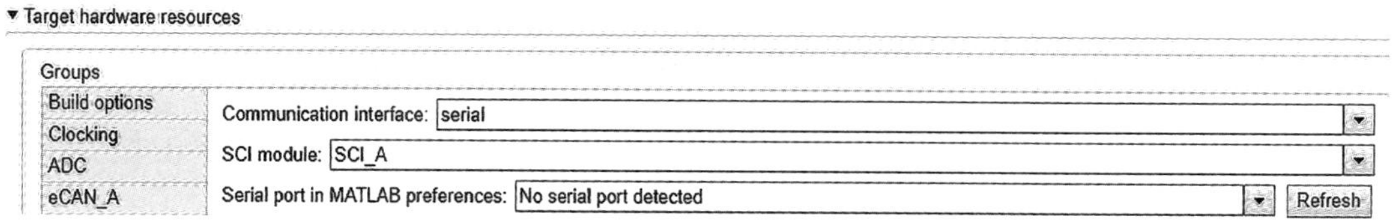

▼ Target hardware resources

Groups	
Build options	Communication interface: serial
Clocking	SCI module: SCI_A
ADC	Serial port in MATLAB preferences: No serial port detected Refresh
eCAN_A	

图 B-11　PIL

▼ Target hardware resources

Groups	
Build options	Communication interface: serial
Clocking	SCI module: SCI_A
ADC	Serial port in MATLAB preferences: No serial port detected Refresh
eCAN_A	□ Verbose
eCAN_B	

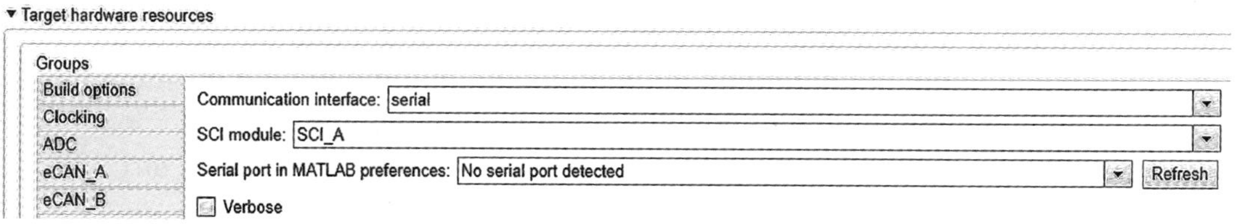

图 B-12　External mode

参 考 文 献

［1］郭元彭，卢子广，杨达亮. 基于 DSP 代码自动生成的实时控制平台［J］. 电力电子技术，2010，44
（10）：65-67.

［2］李真芳. DSP 程序开发［M］. 西安：西安电子科技大学出版社，2003.

［3］袁雷，胡冰新，魏克银，等. 现代永磁同步电机控制原理及 MATLAB 仿真［M］. 北京：北京航空航天
大学出版社，2016.

［4］张永昌. 感应电机模型预测控制［M］. 北京：机械工业出版社，2021.

［5］WANG Y，WU X，DANG C，et al. A desired voltage vector based MPTC strategy for PMSM with optimized
switching pattern［J］. IEEE Transactions on Energy Conversion，2022，37(2)：970-977.

［6］刘陵顺. TMS320F28335 DSP 原理及开发编程［M］. 北京：北京航空航天大学出版社，2011.

［7］RODRÍGUEZ J，KENNEL R M，ESPINOZA J R，et al. High-performance control strategies for electrical
drives：an experimental assessment［J］. IEEE Transactions on Industrial Electronics，2015，59（5）：
812-820.

［8］孙忠潇. Simulink 仿真及代码生成技术入门到精通［M］. 北京：北京航空航天大学出版社，2015.

［9］陈伯时. 电力拖动自动控制系统［M］. 北京：机械工业出版社，2000.

［10］WEI Y，WEI Y，SUN Y，et al. Prediction horizons optimized nonlinear predictive control for PMSM position
system［J］. IEEE Transactions on Industry Electronics，2020，67(11)：9153-9163.

［11］张永昌，杨海涛. 感应电机模型预测磁链控制［J］. 中国电机工程学报，2015，35(3)：719-726.

［12］ROJAS C A，RODRIGUEZ J，VILLARROEL F，et al. Predictive torque and flux control without weighting
factors［J］. IEEE Transactions on Industrial Electronics，2012，60(2)：681-690.

［13］刘景林，罗玲，付朝阳. 电机及拖动基础［M］. 北京：化学工业出版社，2011.

［14］辜承林. 电机学［M］. 3 版. 武汉：华中科技大学出版社，2015.